断

过度的欲望，当断

立足当下
自我践行新陈代谢式
美学思维

李志敏◎改编

舍

无用的社交，当舍

离

恼人的执念，当离

民主与建设出版社

·北京·

图书在版编目（CIP）数据

断舍离 / 李志敏改编 . —北京：民主与建设出版社，2016. 1
（2021.4 重印）

ISBN 978-7-5139-0910-5

Ⅰ . ①断… Ⅱ . ①李… Ⅲ . ①人生哲学—通俗读物Ⅳ . ① B821-49

中国版本图书馆 CIP 数据核字（2015）第 269712 号

断舍离
DUAN SHE LI

改 　 编　李志敏
责任编辑　王　颂
封面设计　天下书装
出版发行　民主与建设出版社有限责任公司
电 　 话　（010）59417747　59419778
社 　 址　北京市海淀区西三环中路 10 号望海楼 E 座 7 层
邮 　 编　100142
印 　 刷　三河市同力彩印有限公司
版 　 次　2016 年 1 月第 1 版
印 　 次　2021 年 4 月第 2 次印刷
开 　 本　710 毫米 ×944 毫米　1/16
印 　 张　13
字 　 数　130 千字
书 　 号　ISBN 978-7-5139-0910-5
定 　 价　45.00 元

注：如有印、装质量问题，请与出版社联系。

前言|PREFACE

　　子在川上曰：逝者如斯夫！生命长河奔腾不息，人们感念时光匆匆易逝，所以，一路匆匆忙忙前行。忙得脚不连地，忙得心无所依，忙得满眼繁杂世故，忙得满怀疲惫不堪。累，是现代人的共同心声，其中有犹豫彷徨四处奔波的苦累，有剪不断、理还乱人情纠缠的烦累，有腾达成功后声名鹊起的心累，有失意困顿无人解的愁累……因为这些，我们的眼睛错过了那红了樱桃、绿了芭蕉的美好，因为这些，我们的心无暇顾及绿蚁新醅酒的醇香，红泥小火炉的温暖，更没有晚来天欲雪，能饮一杯无的闲情逸致？因为纷乱忙杂无所舍弃，所以即便满心犹疑依然难以让心逃离，因为希求太多欲望太重贪心不愿割舍，所以在社会这张网里，我们苦苦挣扎并甘心于其中作茧自缚……有没有享受过一个人独处却不孤单寂寞的惬意？有没有感恩过父严母慈小儿绕膝的幸福欢愉？有没有体验过同事好友诚心相对热心相助的融融暖意？有没有经历过成败后的喜悲和从头再来东山再起的豪言壮举？扪心自问，这些感受你肯定都有，只是如果心冷漠了，记忆就会麻木，如果心迷失了，脑子也会选择忘记。哪些该割舍，果断而不手软；哪些该丢弃，决绝而不犹豫；哪些该远离，从此不来不往相互两不知。人生有限，我们应该时时规划，列张清单，做好打算。选择达观，你可竹杖芒鞋轻胜马，一蓑烟雨任平生，不管是居庙堂之高，还是处江湖之远，尽力为之但不苛求世人，不苛责自己；选择释然，你可笑看庭前花开花落，静观天上云卷云舒，还可因花开而感动落泪，因鸟别而惊心不已，但静心处之，已明了，一切有果皆有因，一切都有各自的规律需要依循；选择感恩，你会感谢天蓝水绿太阳的光辉，你会感动家人朋友的关怀体贴，甚至是陌生人眼神里透出来的关注和笑容里溢出来的温暖，你会感动健康的重要、活着的美好、点点滴滴幸福的味道。心是一个敏感的容器，有所盛、有所选，自会有所替、有所弃。选择阳光，就会把阴霾驱散；选择微笑，就会把愁容遮掩；选择感激，就会把怨怼消减；选择美好，就会把丑恶替换。选择由己，取舍由心，但每个人都有力不从心的时刻。翻阅这本书，不是告诉你人生的真谛，生活的哲理，只是希望你读后有所思，有所悟。所谓的幸福和前途，其实并不需要任何人指导，自然也没有一个正确与否的标准，只要你依心而行，只要你在这个纷繁芜杂的社会里辨清自己前行的方向，只要你面对日新月异的变化，可以学会智慧地选择和果断地放弃。人生是一趟单程列车，沿途经过无数风景，慢慢行，用心欣赏，一路捡拾美好，把握属于自己的幸福。

目 录

第二章　从心而行,拥抱健康人生

第三章　成败得失寸心知,进取不息

第一章

好心态，为成功助力起航

有充分的理由相信，人生的成败受到多种因素的影响，比如聪明，比如机缘，但心态无疑是最重要的原因之一。也就是说，要想取得成功，光有聪明是远远不够的，还必须有一个良好的、经得起风吹浪打、不惧挫折厄运的心态，这样你就等于插上了成功的双翅，必然越飞越高。

01 达观看待人生，从容品味生活

我们要始终保持从容乐观的心态。在困难面前不低头，在挫折面前，要从容面对。

许多人认为身体不好是一个不能克服的巨大障碍，但下面的故事一定会告诉你一些什么。

在英国的一个小农场里，生活着来恩一家。虽然来恩凭借健康的身体每天起早贪黑地工作，但仍然不能使农场生产出比他的家庭所需要的更多的产品。这样的生活年复一年地过着，直到来恩患了老年全身麻痹症，卧床不起，几乎失去了生活能力。凡是认识他的人都确信，他将永远成为一个失去自由和希望的病人，他不可能再为这个家做些什么了。可是，来恩却不这么想，他的身体是不能动弹了，但是他的心态并没有受到影响。他在思考、在计划。他要用另一种方式供养他的家庭，他不想成为家庭的负担。

他把他的计划讲给大家听,他说:"我很遗憾,再也不能用我的身体劳动了,所以我决定用我的头脑从事劳动。如果你们愿意的话,你们每个人都可以代替我的手、脚和身体。我的计划是把我们农场的每一亩地都种上玉米;再用所收的玉米喂猪;当我们的猪还幼小时,就把它们宰掉,做成香肠,然后把香肠包装起来,取一个我们自己的名字,送到零售店出售。"他低声轻笑,接着说道,"也许这种香肠会在全国像热糕点一样出售。"

来恩说出了一句最成功的预言。这种香肠确实出售了!几年后,"来恩乳猪香肠"竟成了家庭生活的日常用语,成了最能引起人们胃口的一种食品。他躺在床上看到自己成了百万富翁很高兴,因为他是一个有用的人。

来恩以自己的经历撰文,给那些因为生理残障而绝望的病人,其中有这样一句话:如果人生交给我们一个问题,它也会同时交给我们处理这个问题的能力,而绝不会使我们陷入窘境。每当我们受到阻碍不能正常地发挥我们的能力时,我们的能力就会随之变化。即使你的身体处于一种极不好的状态中,只要你的心态是好的,你仍然可以过着对社会有用的幸福生活。

因此,身体的残疾不是最可怕的,最可怕和危险的是一个人的心态失衡。以前有句流行语:身体是革命的本钱。现在应该说:心态是革命的本钱。一个身体健康的人,如果他不能以"健康"的心态去面对生活,坏心态很容易将他打垮,就像下面故事中的保罗。

保罗有一个温暖的家、温柔的妻子和高薪的工作,然而他的情绪却非常消沉。他总是感到呼吸急促、心跳加快、喉咙也像长了什么东西一样有种梗塞感。医生劝他在家休息,暂时不要工作。他反而认定自己身体的某个部位有病,快要死了,甚至为自己选购了一块墓地,并为他的葬礼作好了准备。一段时间之后,并没有更坏的事情发生,但是由于恐惧,他仍然心神不宁,体重骤减,甚至感到所有的病症更加明显。这时他的医生命令他到海边去度假。

由于带着心里的死结,海滨之旅使他的恐惧感有增无减。一周后他回到家里,开始静等着死神降临。

保罗的妻子也对他的样子充满了疑问,但她不愿意莫名其妙地等待,于是将他送到了一所有名的医院进行全面的检查。医生笑着告诉他,"你的身体壮的像头牛,你的症结是吸入了过多的氧气。"面对令保罗瞠目的诊断结果,他将信将疑地问:"我该怎么办呢?"医生说:"当你再感觉到这种不适时,可以暂时屏住气,或拢起双手放到嘴前向掌心呼气,也可以用这个。"医生递给他一个纸袋,他就遵医嘱行事。结果他所有的症状都不复存在了,离开医院时他已是一个非常愉快的人。

当他重新坐到办公桌前时,他不知道应该感谢自己的妻子还是医生,但有一个答案是确凿无疑的:好身体难敌坏心态。

以上事例说明:一个身体完全健康的人如果没有良好的心态,整天疑神疑鬼,不但影响正常的工作,而且很可能毁了自己的生活。反之,一个身体虽然有某些缺陷,但自始至终拥有积极心态的人,不但自己生活充实,而且还能做出有益社会的事情。

路有升沉进退，人有悲欢离合。从容乐观是一种对人生的透彻把握，不管是谁，只要能以平和心态面对一切，闲看天边云卷云舒，笑看庭前花开花落，必能摆脱是是非非、纷纷扰扰。也只有这样，才能善待自己，善待生活，善待人生，善待生命。

我们每天都面临不同的处境，注定我们要有一个从容乐观的心态去面对，适时地调节自己的心态。我们要明白，人生的路本来就坎坎坷坷，没有什么可以破坏我们的好心情。我们需要的是健康和谐的精神状态和生活方式。

古人云："事从容则有余味，人从容则有余年。"庄子说，我宁愿做一只拖着尾巴在泥潭里自由地爬来爬去的乌龟，也不愿做庙堂上华贵包装的乌龟壳，为的是不愿失去从容的生活。陶渊明不为五斗米折腰，为的是能享受"采菊东篱下，悠然见南山"的从容。从容的心境带来从容的生活。我们不要对生活提出苛刻的要求，要根据我们自身的实际情况来面对和处理身边的事情。一切要顺其自然。

世间的许多事情本身并无所谓好坏，全在于当事人怎么看。对我们来说，要寻找到幸福，学会如何保持乐观豁达的心境而避免自寻烦恼是十分重要的。

寻找幸福只需要掌握幸福的关键按钮，也就是从"意识"觉醒到我要幸福，接着把生命系统内的"心灵开关"打开。

如今"与人友善，学有所长；宠辱不惊，达观向上"已成通往幸福的格言。

达观是一种大境界，是用一种完全不同的眼光来审视人生，从而获得一种前所未有的从容和乐观，它让我们用平静的心态对待生活的起起落落。

02　幽默是剂良药，医治痛苦的伤

幸不幸福可以由你自己选择。人与人之间本来只有很小的差异，但这种很小的差异却往往造成巨大的差异！很小的差异就是所采取的心态是积极的还是消极的，巨大的差异就是幸福或者不幸福。

有着数千年文明的犹太民族，经过了两千多年的流离失所，屡遭屠戮。他们没有国家、没有政府，在世界各地流浪，没有任何人保证他们的安全。然而，就是这样一个民族，却让世界对她刮目相看。在流散两千多年后，他们竟在这样的环境中复兴故国，让荒漠变成绿洲，他们的农业、教育、科技和军事都很发达。这样的一个民族，让世界都为之震惊。他们经历了无数的痛苦和磨难，通过他们自己的智慧来化解这种悲伤，通过他们自己特有的幽默来驱散他们数千年面临的痛苦。即使是面对颠沛流离，居无定所的日子，他们依然靠着幽默顽强地生存了下来。

有人说，笑是水，犹太人是鱼。下面这个故事就能够说明。

有一对犹太老夫妻,他们很穷,有时还挨饿。最后他们实在无计可施,老头对妻子说:"老伴,咱们给上帝写封信吧!"于是他们写了信,求上帝帮忙。还签了名,写了地址,封好。"我们怎样才能把这封信寄到上帝那里呢?"老伴不放心地问。

"上帝无所不在。"老头答道,"我们的信无论用什么方法寄,他都一定能收到。"于是他走出门去,把信一扔,被风顺势吹远了。

这时,碰巧有一位富人经过,他好奇地捡起信,他被信里老夫妇的虔诚和天真给打动了,非常同情他们,他决定帮助他们。

他按照信上的地址,敲开了老夫妻的门。"约瑟先生住在这里吗?"他问道。

"我就是。"老头答道。富人对他说:"几分钟之前上帝收到你的信,我是他在法国的代理人,他叫我给你送来100法郎。"

"你瞧怎么样?"老头高兴地大声说,"上帝收到我们的信了!"

老夫妇收下了钱,对上帝的代言人千恩万谢。但当那位先生走后,老头满腹狐疑。妻子问他怎么了,老头若有所思地说:"那个代理人看上去一点也不诚实,他可能同我们耍了滑头。很可能上帝让他给我们200法郎,可能他留了一半做佣金。"

这就是犹太人在数千年的痛苦中积累起来的幽默。他们清楚,要改变他们的处境是多么不容易的一件事,他们只有靠笑声来淹没痛苦。

古人云:"不知名位为乐,不知无名无位之乐为最真;不知饥寒为忧,不知不饥不寒之忧更为甚。"

人富有未必就开心,贫穷未必就苦闷。生活中要充满笑声和欢乐。这才是明智的人生。俗话说:"笑一笑,十年少。"意思就是让我们对生活充满激情,尽情享受生活的每一天。

面对痛苦,不要一味地回避和躲让。因为有了它,我们的人生才变得多姿多彩,我们的意志才变得坚忍不拔,我们的思维才变得成熟敏捷。学会迎接痛苦、医治痛苦、化解痛苦,将痛苦看做一种锻炼。它是让我们走向幸福生活的开始。

曾在一本书上看到这样的故事:一位母亲因为她的儿子总是愁眉苦脸的,于是在每天早上吃早餐时,就说一个笑话给儿子听,让儿子能高高兴兴地去上学。几个月后,她发现儿子的成绩有很明显的进步,于是她就更注意快乐的心情对一个人的影响,也借此使得自己的每一天都过得更充实幸福。

事实上,幸福是无所不在的。

"保持高度的幽默感"是关键之一。"天才老爹"比尔·寇斯比曾说:"你可以把所有的痛苦都用笑声来淹没。只要你能在任何事物上面发现它们的幽默之处,那么所有的困难你都能克服了。"痛苦与快乐永远是相辅相成的,当面对痛苦时,我们要用快乐的心态去迎接它,我们应该这样想:正因为有了痛苦,我们的快乐才如此的让人记忆深刻,它让我们的生活多了一种味道。幸福让我们更珍惜。

一个拥有幸福心灵的人,无论到哪儿,都会幸福自得。要想成为一个幸福的人,必须先敞开你的心扉。

亚伯拉罕·林肯曾经说过:"我一直认为,如果一个人决心想获得某种幸福,那么他就能得到这种幸福。"俗话说得好,"相由心生,境由心转",选择幸福你才会幸福。如果你整天沉溺在自己悲伤的情绪中,你什么时候也发现不了快乐。相反,若你可以在生活中随处取得点点滴滴的快乐,自然而然地,你的眉宇间就会散发光彩。

犹太人有一个"飞马腾空"的故事。

古时候,有一个人被判了死刑,这个人向国王请求饶恕他一命,他说:"只要给我一年的时间,我就能使您最心爱的马飞上天空。如果您的马不能在天空飞翔的话,我愿意被处死刑,绝不会有半点怨言。"

国王答应了他。在他回到牢房之后,另一位囚犯对他说:"你不要信口开河,马怎么能飞上天空呢?"

这个人说:"在这一年内,也许国王会死,也许我会死,也说不定那匹马出了意外送了命,谁知道会发生什么呢? 所以只要有一年的时间,也许马真的能飞上天空呢!"

纵观犹太人颠沛流离的历史,到处都弥漫着这种乐观的精神,他们面对的痛苦是什么事情也不能相比的,同样相对我们来说,还有什么痛苦值得我们悲伤。所以我们要用笑声淹没痛苦。

乐观的人总是能看到事物光明的一面,他们懂得如何化解痛苦。所以,他们总是处处受到欢迎。快乐者,即使处于人生的低谷,仍信心百倍。快乐者是一团火,既照亮自己,又温暖别人。俗语说得好,"幸福的心灵就像良药一样易使病人康复。"把痛苦紧紧抱在怀里念念不忘,会使我们最终被痛苦淹没。"把生活看得太严肃,还有什么价值呢?"歌德曾经说过,"如果早上醒来我们没有感受到新的喜悦,如果夜晚降临没有赋予我们对新的幸福的期望,那么每天的睡觉和醒来还有什么价值呢? 今天的阳光照耀在我身上,我应该去认真地感受生活。"

快乐是生活的基调,是人生中最快乐的颜色。无论遭遇什么困难,只要你不顾一切地去拥抱生活、寻求快乐,你就能从痛苦中得到解脱。也只有乐观向上的人,才能理解和享受生活;只有经历痛苦并用快乐遮掩痛苦的人,才能真正地了解生命、热爱生活、快乐生活。这才是自己幸福生活的根源。

巴尔扎克说过,"苦难对于天才是块垫脚石,对能干的人是财富,对弱者是一个万丈深渊。"我们要做生活的强者,将挫折作为对自己的激励,每天都保持乐观。人生是微笑的观光,而不是痛苦的旅程。

03 以坦然的心，接纳生活的种种不幸

"不以得为喜，不以失为忧"，是一种良好的心态。这种心态的优势是专注于自己的事情，不因一时得失而忧心忡忡或兴奋狂跳。大喜大悲，会使我们失去冷静，所以要以一种泰然处之的心态去面对。生活是我们的向导，它能把我们从痛苦中引领出来。无论面对什么样的沉重打击，都要保持处乱不惊的乐观心态，冷静而乐观，愉快而坦然。在生活的舞台上，每个人要学会微笑面对痛苦，坦然面对不幸。

量子论之父马克斯·普朗克是 19 世纪末 20 世纪前半期德国理论物理学界的权威，在科学界颇有威望，于 1918 年获诺贝尔物理学奖。

普朗克的一生并不是一帆风顺的。中年的时候妻子逝世；在第一次世界大战期间，他的长子卡尔在法国负伤而亡；他的两个孪生女儿也都在生孩子后不久，相继去世。

对于这些不幸，普朗克在写信给侄女时说："我们没有权利只得到生活给我们的所有好事，不幸是自然状态……生命的价值是由人们的生活方式来决定的。所以人们一而再再而三地回到他们的职责上，去工作，去向最亲爱的人表明他们的爱。这爱就像他们自己所愿意体验到的那么多。"

对于自己遭遇的一个又一个的不幸，普朗克都能正确地对待，他没有被这些不幸击倒，没有忘记自己人生的意义。

第二次世界大战中，不幸的遭遇又一次降临到普朗克的头上。他的住宅因飞机轰炸而焚毁，他的全部藏书、手稿和几十年的日记，全部化为灰烬。为了逃避空袭，他只好暂寄在一位朋友的庄园里。对于失去家园、财产，他泰然处之。他写道："在罗格茨的生活还不算坏。"因为他还可以

工作,他已经准备好了他想要进行的关于伪科学问题的新讲演。

1944 年末,他的次子被认定有密谋暗杀希特勒的"罪行"而被警察逮捕。普朗克虽采取了多方的求助,却没有任何效果。

普朗克在后来给侄女侄儿的信中说:"他是我生命中宝贵的一部分。

他是我的阳光,我的骄傲,我的希望。没有言辞能描述我因他而蒙受的损失。"他在给阿·索末菲的信中说:"我要竭尽全力让理智的工作来填补我未来的生活。"

普朗克面对如此巨大的悲痛,仍然以泰然的心态处之,实在让人敬佩。事实证明,他赢得了世人的尊重。

如果我们的心灵不断得到坚韧、顽强、刻苦、质朴之泉的灌溉,那么不论我们一贫如洗或是位卑如蚁,都可以求得平和之心态。

任何事情都有它的两面性。成就能给你带来快乐,也可以给你带来烦恼。不要过分地去追求,也不要过分地重视自己的地位,你便会过得坦然而自信。

坦然是一面镜子,一有裂痕,就难以复原。1988 年的汉城奥运会男子百米赛跑,约翰逊只用 9 秒 79 的时间就跑完全程。然而,经过检验发现,他服用了兴奋剂,约翰逊的行为让人们对他由敬佩变为了蔑视,难道是他没有信心获得冠军,还是仅仅为了那一点虚荣而毁坏了自己的人格?那个冠军对别的运动员是不公平的,约翰逊缺少的是心灵深处的坦然。当人的心中拥有一份坦然的时候,你就会发现只有一颗靠自己辛勤种植培育的花,才能结出硕果,才能散发出令人陶醉的芳香。

一个人的坦然,是一种生存的智慧。生活的艺术,是看透了社会人生以后所获得的那份从容、自然和超然。

一个人要能自在自如地生活,心中就需要多一份坦然。笑对人生的人比起在曲折面前悲悲戚戚的人,始终坚信前景美好的人较之脸上常常阴云密布的人,更能得到成功的垂青。

断 舍 离

马克·吐温被评论家们称羡为美国最伟大的爱开玩笑的人,他也是美国最伟大的哲学家之一。他从小就已经接触到生活的种种悲剧:他的两个哥哥和一个姐姐,在他年少时相继死去;他的 4 个孩子,也都一个个先他而去。他饱尝了生活的苦楚艰辛,可他始终坚信,如果用欢笑作为止痛剂来减轻苦痛,也能够得到乐趣。我们可以适当地使自己处于超然的地位,来观赏自身痛苦的情景。

在沉重的打击面前,需要有处事不惊的乐观心态,这样就能战胜沮丧,化坎坷崎岖为康庄大道。你可能一时丢掉了原本属于你的东西,或是错过了一次机会,但是,在精神上绝不能失望。

1914 年 12 月的一天晚上,爱迪生所在的新泽西州某市的一家工厂失火,将近 100 万元的设备和大部分研究成果被烧得一无所有。第二天,这位 67 岁的发明家在他的希望和理想化为灰烬之后,来到现场。大家都用同情和怜悯的眼光看着他,而他却镇定自若地对众人说:"灾难也有好处,它把我们所有的错误都烧光了,现在可以重新开始。"正是这种超凡脱俗的乐观心态,使这位大发明家在事业上步步迈向成功。

得意也罢,失意也罢,要坦然地面对生活的苦与乐。假如生活给我们的只是一次又一次的挫折,也没什么,因为那只是命运剥夺了我们活得高贵的权利,但并没有夺走我们活得快乐和自由的权利。

这个世界上有多少诱惑,就有多少欲望。一个人需要以清醒的心智和从容的步履走过岁月,他的精神中必定不能缺少淡泊。淡泊是一种境界,更是人生的一种追求。虽然,我们每个人都渴望成功,但我们更需要的是一种平平淡淡的生活,一份实实在在的成功。冷静而达观,愉快而坦然,是成功的催化剂,是另辟蹊径、迎接胜利的法宝。

生活里是没有旁观者的,每个人都有一个属于自己的位置,每个人也都能找到一种属于自己的精彩。摒弃世俗的偏见,豁达、洒脱,无忧无虑的承受人生百味,争取做到富不狂,贫不悲,宠不荣,辱不惊,真正拥有一颗健康、平和的心态，痛痛快快地享受人世间的阳光和温馨。无所欲，无所求，只愿有个好的体魄，有个幸福的家庭，衣能裹体，食能饱腹足以。这更是一种超境界的平常心态。

坦然，会让我们的生活美丽而快乐！

04 顺其自然，享受生活所赐

人是自然的产物，也和大自然中其他生物一样各具特色，这个人适合统领三军，那个人精于舞文弄墨，各有天赋，各有使命。人若能知道植物花草的特长，加以妥善运用，不仅能使环境增辉，更能美化生活，增添情趣。人若能像顺应花草的自然天性一样去顺应自己的能力和体力，不在自己力所不能及的事情上强出头，就能营造自己理想中的生活，做自己理想中的自我。

人们对事物一味理想化的要求导致了内心的苛刻与紧张，所以常常不能心态平和，追求完美的同时也失去了很多美好的东西。事物总是循着自身的规律发展，即便不够理想，它也不会单纯因为人的主观意识而发

生改变。这对于人类也一样，我们要顺其自然，不要去强求生活。

对待工作也一样。师傅领进门，修行在个人。师傅有多个徒弟，聪明的师傅让每个人顺其自然地发展，其结果是每个人的修行是千差万别的。找对师傅是一件幸运的事。有的人一生与师傅无缘，要花费很多光阴入门。无师自通的天才是世间少见的现象。现代社会的学历是敲门砖，有它可先入门，入门后的修行好坏依然决定你的成才与否。如果你已经竭尽全力，结局如何，就顺其自然吧。

其实，某些事情也许不适合你做，这时你完全可以将它忽略掉，给自己一点松弛，应该学会轻松地享受生活。想要做到内心平和，生活愉悦，第一步必须承认，在大多数情况下，人们是在制造紧张情绪，生活原本不必如此忙乱；第二步，试着躺在沙发上懒洋洋地看电视，别担心如此度过周末是在浪费时间。当你学会了从容平静地度日，顺应自然并顺应天性，不去勉强别人，也不强求自己，你会发现事情不照自己的计划进行，地球照样转，生活照样继续。

建立好心态的意义就是帮助你找到最好的活法，然后顺其自然地努力和奋斗。既不感叹命运也不抱怨时代，当不了大树就当小草，当不了太阳就当星星，当不了江河就当小溪……明白自己该走的路，就会发现生活带给你的幸福与快乐。

05 用片刻时间回归自我，断舍世俗的喧嚣

"生活最大的乐趣，是给自己留些余地。人生最大的财富，是给自己一点时间。"这句话用来描述现代人的生活感受，是最合适不过的了。走在大街上，满是行色匆匆的人们，夹着公文包，电话一个接一个，天天应酬不断……不知道从什么时候开始，人们加快了生活的步伐。按理说生活

好了,更应该悠闲的享受生活才对,更应该有足够的时间做自己想做的事,更应该有时间和家人在一起享受天伦之乐、和亲密好友在一起喝茶、聊天才对,可为什么生活变得富裕了,人们的时间越来越少的可怜了呢?难道一切都为了工作吗?可活着不只是为了工作,为了赚钱。下面一个小故事,可以说明这一点。

一个欧洲观光团来到非洲一个叫亚米亚尼的原始部落。部落里有位穿着白袍盘着腿安静地坐在一棵菩提树下做草编的年轻人。草编非常精致,它吸引了一位法国商人。他想:要是将这些草编运到法国,巴黎的女人戴着这种小圆帽和挎着这种草编的花篮,将是多么时尚多么风情啊!想到这里,商人激动地问:"这些草编多少钱一件?"

"10 比索。"年轻人微笑着回答道。

天哪!这会让我发大财的。商人欣喜若狂。

"假如我买 10 万顶草帽和 10 万个草篮,那你打算每一件优惠多少钱?"

"那样的话,就得要 20 比索一件。"

"什么?"商人简直不敢相信自己的耳朵!他几乎大喊着问,"为什么?"

"为什么?"年轻人也生气了,"做 10 万件一模一样的草帽和 10 万个一模一样的草篮,它会让我乏味死的。"

工作固然很重要,但这只是生活的一部分。不断地忙碌、奔波常常让我们感慨生活很苦,过得很累,难道物质的丰足、名利的高低就能衡量幸福?真正能让我们感到幸福的,恰恰是当下那份实实在在的拥有,比如忙中偷闲的一杯茶,苦中作乐的两杯酒。

给自己留一些时间。一个人如果总是不闲着,会使周围人的情绪也随之紧张。如果感到累了,一定要休息;即使不累,为了爱惜自己也不妨躺下来放松一会儿。不如尝试给自己放个假,从今天起抛开工作,抛开繁

断 舍 离

杂的一切,只把时间留给自己。相信,总有一个角落属于我们,可以用来安放疲惫忙碌的心灵;总有一些时刻属于我们,可以用来换算触手可及的幸福。

孟奇通过自己的努力和勤奋,终于成了人人都羡慕的大企业家。这些年他没日没夜的工作,甚至连自己的妻儿父母都很少看一眼。当他达到事业的巅峰时突然觉得人生无趣,因为他的周围总是人声喧哗,耳边充斥着各种噪音,忍受着繁忙的工作,父母妻儿的不解和抱怨,每天的精神都绷得紧紧的。这种生活让他得不到一丝喘息的机会,于是他来到一座寺庙向大师请教。

大师告诉孟奇,"鱼无法在陆地上生存,你也无法在世界的束缚中生活;正如鱼儿必须回到大海,你也必须回归安息。"

孟奇无奈地回答:"难道我必须放弃一切的事业,远离尘世到这里来吗?"

大师说:"不! 你可以继续你的事业,但同时也要回到你的心灵深处。当回到内心世界时,你会在那里找到祈求已久的平安。除了追求生活的目标外,生命的意义更值得追寻。"

我们总是处于人群之中,在喧闹的人群里你听不见自己的脚步声。

远离生活,能让我们重新认识到自我的存在。当然,对于有工作又有家庭的人来说,想独处的时间并不多也很不容易。你可以和家人、朋友进行交流,向他们说明情况,征求他们的意见。那些关心你的人,一定会给予你谅解和支持。从沉重的生活压力中解脱出来,你能心境平和地处理工作,轻松地对待家人、朋友,这将增进你们之间的感情。

放下,什么事情也不干,可不像听上去那么简单。你要留一些时间给自己,什么事情也不做。这样坚持下去,渐渐你就会发现你整个人都轻松多了,干起活来也不再像以前那样手忙脚乱,你可以很从容地处理各种事务,不再有逼迫感。你的生活也会得到很大的改善,把你从杂乱无章的感觉中解救出来,让你的头脑得到彻底净化。

留些时间给自己,有助于减轻快节奏生活造成的压力,带给你安详平和的心境。我们可以工作,但工作不是一切,独处的时光可以平衡心灵,完善自我。一旦你缺乏了这样的时间,就一定会成为一个背负太多的人,很容易变得暴躁易怒、沮丧不安,似乎失去了自我。

为了避免这样的情形出现,你可以从今天开始与自己订约会。从生活中挑选一段固定的时间,某天的某一小时,或一周一次或一个月一次都可以,时间长短不拘,就算只是几个小时也可以,重点在它属于你一个人,完全归由你的心支配。其次是当别人要跟你约定时间时,绝对不能轻易地舍弃这段属于你自己的神圣时光。不用担心,你绝不会因此而成为一个自私自利的人。与此相反,当你再度感到生命是属于自己的时候,会更有能力去为别人着想。只有真正地获得了自己所需时,你才能更轻易地满足别人的需要。

大多数人在人生旅途中背负了太多的不必要的东西,尽可能丢弃那些无谓的问题及烦恼吧!放松心情,轻松一下,好好想一想。我们已经很好,无论在事业上或是生活上失利,都不必背负太多,要坚信:真正的光明并不是没有黑暗的时间,只是不被黑暗遮蔽罢了;真正的英雄并不是没有卑怯的时候,只是不向卑怯屈服罢了。

06　学会释然,坎坷人生路再无困扰羁绊

在荷兰首都阿姆斯特丹一座 15 世纪的教堂废墟上留着一行字:事情是这样的,就不会那样。这句话是告诫我们不要抱怨已经发生的事,而应该学会释然。

这是一个和释然有关的真实故事,是第二次世界大战期间发生的无数故事中的一个。

一位名叫伊莎贝尔·萝琳的女人同时送走了丈夫约翰和侄子杰夫参军去前线。不幸的是九个月之后就接到了丈夫约翰的阵亡通知,她伤心至极,如果不是侄子的信,她甚至不知道自己是否还能坚持下去。可是一年半以后的一份电报再次重复了她的不幸:她的侄子杰夫,她惟一的一个亲人也死在战场上了。她无法接受这个事实,决定放弃工作,远离家乡,把自己永远藏在孤独和眼泪之中。

正当她清理东西,准备辞职的时候,发现了当年侄子杰夫在她丈夫去世时写给她的信。信上这样写道:“我知道你会撑过去。当我的父母意外去世时你曾这样对我说。你还告诉我在天堂里的父母会看着我,他们希望我坚强而快乐地生活。我永远不会忘记你曾教导我的:不论在哪里,都要勇敢地面对生活,像真正的男子汉那样。现在,为了我也为了天堂里的约翰,我也要你勇敢地面对这个不幸,别忘了你是我最崇拜的好姑妈,请露出你的微笑,能够承受一切的微笑。”

她流着泪把这封信读了一遍又一遍,似乎杰夫就在她身边,一双炽热的眼睛向她发出疑问:你为什么不照你教导我的去做?

萝琳打消了辞职的念头,并一再对自己说:我应该把悲痛藏在微笑后

面,继续生活。因为事情已经是这样了,我没有能力改变它,但我有能力继续生活下去,并且会像侄子希望的那样好。她真的做到了,因为她学会了在无法挽回的损失面前释然。此后她不但积极工作,还把余下的生命时光全部献给了福利事业,帮助了无数更需要帮助的人。

人生是一场单程旅行,一去不返。所以在有限的生命历程里,一定要善待自己的生活,认清自己的实力,从事自己能胜任的工作。避免走以下这篇故事的主人公的弯路。

主人公是一个男士,在现实生活中是一个极度自卑的人,因为受教育的程度与他现在工作的要求差距很大,有限的知识积累已不能胜任这份工作,他没有一技之长,社会经验和阅历都不甚丰富。他深知自己的缺陷,也尽力去弥补,但总也找不到合适的方法。他心理上承受着巨大的压力,当看到与自己年龄相仿的朋友都比自己强,甚至比自己年龄小、学历低的人都已超过自己时,他更是急上加急。他想尽了各种办法,比如投入更多的时间看书读报、学英语、上补习班……几乎在他现今能力所能做到的补差方法都做到了,但还是收获不大,工作中还是时常碰壁。他自卑的情绪更加严重,几乎到了神经崩溃的边缘。无奈之下他只好求助于心理医生。听了他的情况介绍,医生告诉他学习是一项长久坚持的事情,学习的成效与其他事情不一样,效果不是当时就能看得到的,它是一种内在涵养的提高,在生活中只能潜移默化地起作用。

最后医生告诉他一个治疗方法,就是去找一份与自己的学识水平相当的工作,甚至稍低一些会更好。因为相对简单的工作,可以使业余时间加长,而且还可能会干得比现在好,有利于增强自信;如果利用多出来的空闲时光读书学习,会使自己的生活更充实。他照着医生的建议去做了,一年以后,他神采奕奕地站在医生面前,不是来看病,而是来感谢医生。因为他学会了在无法弥补的缺失面前释然。

其实,解决问题的方法很简单,就是使自己处于能解决问题的地方。认清自己,知道自己适合什么,让自己处于最佳的位置。学会用释然驱散生活事业的阴云,就会让自己生活在一片晴空之下。

让释然成为好心态的一部分也不难,只要你随时能够在不可避免的不如意面前释然;在无法弥补的缺失面前释然;在难以挽回的损失面前释然;在种种只能这样不能那样的事情面前释然。也许,当我们学会释然之后会惊喜地发现,曾令我们困苦不已的阴云已经消散。其实,如果不是我们的心看不开,事情原本就不像我们想象的那么糟糕。

07 用不苛求的心态,过顺其自然的生活

某杂志曾刊登过这样一个故事:

几年前的一天,杰克到一间没人住的破屋里玩。玩累后把脚放在窗台上,双手抱着小腿,欣赏着窗外的蓝天白云。突然,从别处传来一声大吼惊得他一跃而起,没想到左手食指上的指环此时钩住了一个铁钩,竟把手指拉断了。他当时吓呆了,脑中一片空白。

那段时间杰克认为今生全完了。直到有一天,杰克在伦敦遇见个开电梯的人,他失去了右臂,就问他是否感到不便。他说:"只有在缝纫的时候才会感到。"这句话深深地打动了杰克,一个失去手臂的人都没有绝望,他又有什么理由不去好好生活呢? 他决定不再想伤痛,而是和正常人一

样的生活和工作，当遇到因手伤不方便做的事情时，他不是放弃不做，而是想另外的方法。他比别人想得多也做得多，而他从此再也没为这事烦恼过。后来他几乎从不想左手只剩 4 根手指，就当这件事从来没有发生过。

人不仅可以忍受不幸，更可以战胜不幸，因为人有着惊人的潜力，只要用积极心态去激发它，任何难关都可以度过，用自己坚强的意志去迎击它，切实行动起来，也没有什么事情做不到。

小说家达克顿曾认为除双目失明外，他可以忍受生活上的任何打击。但当他 60 多岁、双目真的失明后却说："原来失明也可以忍受。人能忍受一切不幸，即使所有感观知觉都丧失，我也能在心灵中继续活着。"

以上事例无一都有好心态的指引，这些都在提示人们：只要有一线希望，就应奋斗不止。但对无可挽回的事，就需要另一种好心态：想开点，不强求不可能的结果。

话剧演员波尔赫德就是这样一位达观的女性。她风靡半个地球的戏剧舞台达 50 多年。当她 70 多岁时，突然发现自己破产了。更糟糕的是，她在乘船横渡大西洋的途中，不小心从甲板上滚落，把腿部碰伤并且伤势严重，引起了静脉炎。医生确诊后，认为必须把腿部切除。他不敢把这个决定告诉波尔赫德，怕她忍受不了这个打击。可是他低估了波尔赫德。当知道这个消息后，波尔赫德注视着医生，平静地说："既然没有别的办法，就这么办吧。"

手术那天，她神态从容地在轮椅上高声朗诵戏里的一段台词。有人问她是否在安慰自己，她回答："不，我是在安慰医生和护士。他们太辛苦了！"

不需要很高的智慧就可以领悟：用精力去和不可避免的事情抗争，就不可能再有精力重建新生。为什么车子的轮胎能经得起长途的辗磨呢？因为它不但有一定的硬度还有足够的韧性。如果我们也能像这种车胎一

样，那我们也会生活得稳定和长久。

许多人经常抱怨生活不如意，其实，归根到底是他们缺乏好心态，是自己造成的。别忘了心动不如行动。如果他们能像杰克那样不去想生活带来的不幸，像达克顿和波尔赫德那样用积极的心态时刻提示自己，他们的生活一定会很好。没有怨天尤人的生活，才是高品质的生活。

08　顺应天性，松弛自我享受生活

一个假日午后，一位母亲带着一家大小到山上赏花。天气分外晴朗，赏花的人好像比山上的花还要多。人影在花丛中攒动，有照相的，有吃东西的，有谈天说地的，信步走着，看着，真是有趣。

女儿在前头蹦着跳着开道，太阳照着满山的樱花、杜鹃，照着来往穿梭的赏花的人流，让人不由得感叹生活的美好。

不知何时，女儿扯住妈妈的衣袖，不停地摇动，她的另一只小手指着一丛红艳的杜鹃，说："妈妈，为什么那个花不香？"

母亲愣了一下，但随意答道："哪个花？哦！这是好看的，不太香。"她不服气也不满意的噘起小嘴说："花都应该是香的嘛！"

回家之后，女儿的声音缭绕在母亲心头，久久不散：花都应该香嘛！

究竟这有没有道理？我们不是也常想:男人都该是伟岸君子,女人该是贤妻良母吗？我们又对不对呢？

坐下来,环视满庭花草,静静地想一想:花和草长了一院子,可是杜鹃、山茶、桂花、百合、太阳花、兰花……没有一样是跟别的花草相同的,它们都各有特色。看见迎春花便可以嗅到早春的气息,看见石榴花便知是五月榴花照眼明,桂花和红叶捎来秋意,苍松和腊梅象征冬寒。

如果我们顺着自然去要求,那么一定可以心满意足;可是,若要在夏天赏梅,春天看红叶,谅必会大失所望。人是自然的产物,也和大自然中其他生物一样各具特色,人若能如花草一样顺应天性而生,那必能营造自己理想中的生活,展现自己理想中的自我。

当然每个人都渴望拥有理想的生活,但他们认为主要问题在于生活过于紧张,总有那么多十万火急的紧急情况等着去处理,似乎一周不工作90 小时以上,就做不完应该做的事,甚至觉得会比别人少得到什么。连大多数家庭妇女也感到了这种困惑,她们经常抱怨,"除非这房子里只剩我一人,否则它永远都干净不起来!"面对家常琐事,她们表现得过于紧张,从早到晚忙得腰酸背疼,却总有做不完的事——买菜、煮饭、洗碗、洗衣、打扫房间、带孩子……似有一支无形的手枪指着自己的后脑,一个声音命令道:"立即收拾好每一个碗碟,折好每一块毛巾……"她们总是暗示自己:情况紧急,必须立即做完每一件事! 她们经常责怪家人不主动分担家务,却不考虑他们一天工作后的疲劳。

其实,有许多事情完全不必要立刻做,完全可以推延到明天。而且某些事情也许不适合你做,这时你完全可以将它忽略掉,给自己一点松弛的时间,学会轻松地享受生活。

想要做到内心平和、生活愉悦,第一步必须承认:在大多数情况下,人们是在自造紧张情绪,生活原本不必如此忙乱;第二步,试着躺在沙发上懒洋洋地看电视,别担心如此度过周末是在浪费时间。当你学会了从容平静地度日,顺应自然并顺应天性,不去勉强别人,也不强求自己,你会发现事情不照自己的计划进行,地球照样转,生活也照样继续。

09 爱人爱己,培养爱的能力

每个人在诞生的那一天都收到一件生日礼物,这就是世界。那里面装满了作为人所需要经受的一切,有阳光与欢笑,也有许多痛苦和眼泪。它既包含着许多魔力、很多奇迹,也有很多混乱。然而,这正是它的意义所在,这就是生活。当你打开这件礼物,将自己置身于这个世界中的时候,你将永不怀疑生活的价值和意义。

在生活中可以见到这样一种人,他们总是讲:"我心中充满了爱,我对爱坚信不疑。"可是当他们询问餐厅女服务"哪有水"的时候,态度却是那样蛮横,轻蔑高傲。

只有当你用你的行动表明了你的爱时,别人才会相信你心中有爱。那么,到底什么样的人才算得上是充满爱的呢? 首先,他们必须热爱自己。事实上,如果你不爱自己,你将永远不会去爱他人。一个人不可能十全十美，但这并不等于说他无关紧要。每个人都有一些别人不具备的东西。犹太作家爱拉·威索尔曾这样精辟地写道："当我们告别人世去见上帝时，上帝不会问：'你为什么没有成为救世主？你为什么没有找到人类痛苦的根源？'而他将会问：'你为什么没有成为'你'？'"

在一个电视剧中女主人公说："现在我知道了，自己为什么总是郁郁寡欢，精神上感到痛苦，因为我希望每个人都爱我，而这是不可能的。尽管我可以使自己成为世界上最鲜美的桃子，可还是有对桃子过敏的人。"这话讲得多么深刻！接下去她又说："如果别人想要香蕉，我可以使自己成为香蕉，但我将永远是一个二等品。而事实上，我本来可以成为最出色的桃子。如果我全心付出，那么喜欢桃子的人就一定会因为我而变得幸福。如果我又要满足另一部分人的需要不做桃子，而把自己变成香蕉，那么，他们又会说，你做桃子更合适。这时候，我就会进退两难，两个都做不好了。"

如果你面对你内心的"自我"，拍拍肩说："喂，这些年你究竟藏到哪去了？现在我们来到一起了，让我们一块向前走吧。"那么，你将会发现你身上蕴藏着的潜力是无限的。然而，你如果就此止步，这个自我发现只不过就是一次令人赞赏的历程。只有当你认识到"我们"这个"大家"，并把爱献给他人时，你才会成为真正的"你"。

在一节火车车厢的一群旅客中，一个大学生坐在中间。他滔滔不绝天南地北地谈着，看上去似乎无所不知。可是在交谈中，他每句话都带着"我"。在几个小时的旅程中他很少提及"我们"。和他形成鲜明对比的是在机场候机大厅的另一个人。当时，大雪纷飞，乘客已被困在那里有两天一夜了。有的人一直叫着："我要离开这里！这该死的雪！"然而，就在这群人中间有一位妇女，她挨个走到带孩子的母亲面前说："来，把孩子交给我吧，我要搞个幼儿园，给孩子们讲个有趣的故事，您可以借这个机会喝口水、吃点饭或是去卫生间。"

为什么会有两种截然相反的态度呢？答案在于：是否有一个强烈的意识，一个站在他人角度为他人着想，努力给他人带来方便的意识。当你这样做了以后，你将会从别人看你的眼神中得到一种心灵的满足感，那种快乐只有身临其境的人才能感受到。

我们在开始一天生活的时候应该提醒自己去爱他人，应该努力去发现世间美好的事物，那么，从外界的反应中，你将发现一个可爱的自我。假如在你卧病在床的时候，身边没有一个人来看看你、没有一个人紧握你的手，这说明你在生活中从未曾伸出过友爱之手去帮助他人。

许多人会说："你总是讲要为他人做些什么，这到底是什么意思？我们能做些什么？"有什么可做的呢？看看你的周围吧！在你身旁就有一个人需要得到爱的温暖，有一个过马路的老人需要人搀扶，还有个心态不好的女服务员需要引导和鼓励……这些不都是可以去做的吗？这些虽然不是惊天动地之举，可是做与不做却是大不一样。如果真正把爱这个巨大能源释放出来，我们可以把这整个城市托到空中！

生活本身不是一个目标，而只是你走向某个目标的过程。目标的实现要靠一步一步走，如果每一步都有爱的滋润就会变得扎实而有意义了。每个人都有爱的能力，但并不是每个人都有爱陌生人的能力，而后者才是爱的真谛。从现在做起吧！这种时刻不是永恒的，它一旦消失就再不复返。我们大多数人在对过去的追悔中度过一生，今天，仍有千百万人在重蹈这个覆辙。有人说，如果给爱下一个定义的话，惟一能够概括其全部涵义的字就是"生活"。你一旦失去了爱，也就失去了生活。

10　坚持再坚持，体验胜利的滋味

如果你经常观看一些比赛的话，一定对反败为胜的竞赛记忆深刻。

当处在决定胜负的关键一局时，对手之间的角逐已经不全是运动技术的比拼，更多的是心理战术的较量。在最为紧张的时候谁的心态平和，谁就可能成为最终的胜利者；在比分低于对手时，谁不急不躁，镇静从容，及时调整自己，不在精神上输给对方，一直坚持到最后，胜利的天平就很可能偏向他。

一个人心态的消极或积极在很大程度上可以决定一场竞技的最终结果；同样，一个团队的精神状态很可能扭转整个活动的局势。

在战争史上，由败转胜的例子并不少见，马林果战役便是其中之一。在战争打响的前夕，拿破仑在营帐里不停地徘徊，眼睛不时注视着面前的一张意大利地图，他一边思考，一边顺手挪动插在地图上的钉子，研究敌我的战斗格局。只见他眉头紧皱，好像形势对他很不利。

过了一会儿，他深深地呼出一口气，一副如释重负的样子，自言自语地说："这样的地势对我绝对有利，我一定要在这里抓住他！"

"您要抓住谁?"他身边的一个军官问道。

"墨拉斯。他是奥地利的一只老狐狸，他从热那亚回来时要路过都灵，回攻亚历山大里亚。我要渡过波河，在塞尔维亚平原迎战他，就在马林果将他打败。"拿破仑边说边用手指着他的取胜地点。

就在拿破仑的如意算盘还在推敲的时候，马林果战役打响了，但战势并没有像他预想的方向发展。法军受到了敌军强有力的抵抗，只有招架之力，没有还手之功。拿破仑眼看着自己精心筹措的胜利就要成为泡影，他失望极了。

无奈之下，法军只好向后方败退，途中正遇到他的手下将领带着大队骑兵驰过田野，队伍停在一座山坡附近。士兵中有一个小鼓手最引人注目，他是最小的战士。事实上他原本只是个流浪儿，是战士们在巴黎街头好心将他收留，后来他就一直跟随着队伍。在埃及和奥国战役中他都参与了作战，而且表现出色。

27

断 舍 离

看到他们，拿破仑并没有表现出任何兴奋，他不耐烦地朝小鼓手喊道："击鼓退兵！"

这个孩子看了拿破仑一眼，像没听见一样，没有动。

"听到了吗？击鼓退兵！"

看到拿破仑有些生气了，小鼓手才拿着鼓槌向前走了几步，朗声说道："为什么？大人，我们一定能胜利，况且我不会击退兵鼓，从来没有人教过我。但是我会击进军鼓，可以敲得很棒，能敲得让死人都站起来排队。我随军队征战时总是击进军鼓，我在金字塔、在泰泊河、在罗地桥都敲过它……大人，在这里我为什么不可以击进军鼓？"

拿破仑苦笑一下，无可奈何地说："我的计划全落空了，我们打了败仗，现在除了后退还能怎么办呢？"

"怎么办？打败他们！我相信我们的军队一定会赢，还没到最后时刻，您不能放弃，而且要赢得胜利还来得及。"小鼓手敲起了进军鼓，像在泰泊诃一样敲得响亮！

伴着小鼓手激进的鼓声，战士们手挥利剑，向奥地利军队横扫过去。他们不知从哪儿来的斗志，所向披靡，把对方打得一退再退。战争以法军的胜利告终。当炮火消散时，人们看到小鼓手走在队伍最前面，敲着激昂的进军鼓，笔直地前进。他的脚步从容不迫，鼓声激越有力，他以自己勇敢无畏的精神开辟了胜利的道路。

戏剧性的战争结果,却是人内心世界的真实写照。夜深人静时,扪心自问,在生活失意时,有谁能不沉沦丧志;在爱情走远时,有谁能精神不失;当事业受挫时,有谁能奋起拼搏……

无论在战火纷飞的战争阵地,还是在不见硝烟的人生战场,要赢得最后的胜利,势必要有大无畏的心态。在任何的困难和挫折面前,只要抱定"狭路相逢勇者胜",相信任何人都能赢得绝地反击的胜利。

11　坚定目标,恒心恒力成就强者

你的才能就是你的天职。你能做什么? 将走什么样的路? 这是命运的质问。庸者随波逐流,惟有智者,才有资格成为自己的导师和内心的解读者。

一个人将其爱好、兴趣、特长发展成一项事业,这足以使他受益终生。这事业磨练其意志,增强其体质,敏锐其心智,纠正其判断,唤起其潜在的才能,迸发其智慧,使其顽强地投入到生活的竞赛中。

"瓦特,我从来没有见过像你这样的孩子!"他的祖母说,"多念点书,这样你以后才可能有出息。我看你有一个小时一个字也没念了吧。你看看你这些时间都在干什么? 把茶壶盖拿走又盖上,盖上又拿走干什么? 用茶盘压住蒸汽,还加上碗,忙忙碌碌,浪费时间玩儿这些东西,你不觉得羞耻吗?"

幸亏这位老夫人的劝说失败了,全世界都从她的失败中获得了巨大收益。

伽利略曾被送去学医。但当他被迫学习解剖学和针灸学的时候,他还藏着欧几里德几何学和阿基米德数学,利用空余时间偷偷地研究复杂的数学问题。在他18岁的时候,他就从比萨教堂的大钟的摆动中发现了

断舍离

钟摆原理。

英国著名将领兼政治家威灵顿小的时候，大家都认为他是低能儿，连他母亲也认为他先天反应迟钝。他几乎是学校里最差的学生，别人都说他迟钝、呆笨又懒散，好像他什么都不行。他没有什么特长，而且想都没想过要入伍参军。在父母和教师的眼里，他的刻苦和毅力是惟一可取的优点。但是在他 46 岁时，他打败了当时世界上除了他以外最伟大的将军——拿破仑。

在世界上最伟大的英雄和功臣中，有许多是贫苦出身的，他们毫无依靠地与命运作斗争，积累了自己的才能、挖掘出了自身的潜力。

当一个贫苦低微又不知名的赫瑟尔报告说发现乔治·西特星的轨道和运动速度，以及发现土星的卫星环的时候，英国的上层社会是多么震惊！这个出身微贱、以演奏双簧管为生的孩子，用自己双手制作出来的望远镜，发现了当时设备最好的天文学家都没有发现的事实。他们不知道，赫瑟尔为了做出一块理想的镜片，竟一共磨了近 200 块玻璃。

蒸汽机的发明者史蒂文生共有八个兄弟姐妹，小时候穷得全家十多个人都挤住在一个房间里。史蒂文生没有机会读书，只好去给邻居放牛。

但一有时间，他就用粘土和空心树枝做他想象中的蒸汽机模型。到他 17 岁时，他就真的装成了一部蒸汽机，还让父亲帮他烧火做实验。史蒂文生虽然没有进学校读书的机会，但机器就是他的老师，而且他是非常用功的学生。当同龄人在游山玩水、逛酒吧间的时候，他却在拆洗机器，仔细研究和反复做实验。当他作为一个伟大的发明家和蒸汽机的改进者闻名于世的时候，那些游手好闲的人又都羡慕他了。

美国著名的废奴主义者布朗，小时候为了到书店买一本书，连夜赶了30千米的路。书店老板盯着这个头发蓬乱、衣衫破旧而且满身是土的牧童，很奇怪这个乡下的孩子怎么会提出这样的要求。于是，老板就和众人一起开始嘲弄他。这时进来一位大学教授，当他知道布朗的要求之后说："这样吧，如果你能念出这本书的一行诗句，而且把它翻译出来，我就把这本书送给你。"布朗从容不迫地连续念完并且译出好几行诗句。于是，在人们的惊讶表情中，布朗自豪地拿到了自己应得的奖品。他是在放牧的时候学习了希腊文和拉丁文，这给他赖以成名的丰富学识打下了坚实基础。

奴隶解放令的颁布者，美国第16任总统——林肯，在年轻的时候，曾经借着炉子的火光来学习数学和语法，曾经为买一些书步行70多千米的路。他既没有得到过什么遗产，也没有碰到过什么好运气。他之所以有出色的前途和作为，正是因为他有那不屈不挠的意志和正直的气质。

美国第17任总统——约翰逊，小时候是裁缝店的学徒，从来都没上过学。但正是这样一个生在小木屋、没有读过书、比一般普通境遇的孩子还苦的他，在美国内战期间担任了总统。他以其丰富的实践经验赢得了全世界的赞扬。

每一个人，无论他出身贫贱还是高贵，如果他有一个坚定正确的目标，一颗无论遇到什么困难都不退缩的心，坚持走自己的路，努力奋斗，那么，无论是人还是魔鬼，都不能阻止他前进。

12　安然自足，接纳生活的残缺

有这样一个故事：有一个人对自己坎坷的命运实在不堪忍受，于是天天在家里祈求上帝改变自己的命运。上帝被他的诚心打动，于是对他承诺："如果你在世间找到一位对自己命运心满意足的人，你的厄运即可结束。"此人如获至宝，开始他寻找的历程。

这一天，他终于走到皇宫，询问万人之上的天子，"万岁，您有至高无上的皇权，有享受不完的荣华富贵，您对自己的命运满意吗？"天子叹道："我虽贵为国君，却日日寝食不安，时刻担心有人想夺走我的王位，忧虑国家能否长治久安，我能否长命百岁，还不如一个快乐的流浪汉！"

这人又去找了一个在太阳下晒太阳的流浪汉，问道："流浪汉，你不必为国家大事操心，可以无忧无虑地晒太阳，连皇上都羡慕你，你对自己的命运满意吗？"流浪人听后哈哈大笑，"你在开玩笑吧？我一天到晚食不果腹，怎么可能对自己的命运满意呢？"

就这样，他走遍了世界的每个地方，访问了各行各业的人，被访问的人说到自己的命运竟无一不摇头叹息，口出怨言。这人终有所悟，不再抱怨有残缺的生活。

说也奇怪，从此他的命运竟一帆风顺起来。人们对事物一味理想化的要求导致了内心的苛刻与紧张，所以，完美主义者常常不能心态平和，追求完美的同时也失去了很多美好的东西。事物总是循着自身的规律发展，即便不够理想，它也不会单纯因为人的主观意志而改变。如果有谁试图使既定事物按照自己的主观意志改变而不顾客观条件，那他一开始就注定已经失败了。

童话中渔夫那贪婪的妻子，终于未能逃脱依旧贫穷的命运便是证明。

现实中,我们许多人都过得不够开心、不够惬意,因为他们对环境总存有这样或那样的不满,他们没有看到自己幸福的一面。也许你会说:"我并非不满,我只是指出还存在的问题而已。"其实,当你认定别人的过错时,

你的潜意识已经让你感到不满了,你的内心已经不再平静了。

一桌凌乱的稿纸,车身上一道明显的划痕,一次你不太理想的成绩,比你理想中的身高矮一些、体重轻一些,种种事情都令人烦恼,不管与你有多大联系,你甚至不能容忍他人的某些生活习惯。如此,你的心思完全专注于外物了,你失去了自我存在的精神生活,你不知不觉地迷失了生活应该坚持的方向,苛刻掩住了你宽厚仁爱的本性。

没有人会满足于本可能改善的不理想现状,所以,努力寻找一个更好的方法:用行动去改善事物,而不是空悲叹,一味表示不满。应该用包容的心去看待事物,而不是到处挑毛病,让不必要的烦恼来搅乱自己的心。同时应该认识到,我们可能采取另一种方式把每一件事都做得更好,但这并不是说已经做了的事情就毫无可取之处,我们一样可以享受既定事物成功的一面。有句广告词不是说"没有最好,只有更好"吗?所以,不要苛求完美,它根本不存在。

爱默生曾说:如果你不能当一条大道,那就当一条小路,如果你不能成为太阳,那就当一颗星星。决定成败的不是你尺寸的大小,而是做最好

的你。

许多人都感叹命运不好,其实是他自己的活法不对。上一座山,刚上一小段,发现另一座美丽壮观,于是匆匆跑下来又开始登那座"美丽壮观"的山;刚登上一小段,又发现另一座更美丽壮观的山……如此下去,这些人跑来跑去,跑了几十年却仍在"山"脚下徘徊,当然又是命苦又是心累的叫个不停,可这怪谁呢?

最好的活法是顺其自然。这里的自然不是随波逐流,不是随遇而安,更不是醉生梦死地跟着别人走,而是指一个人弄明白自己的人生方向后踏踏实实地顺着这条路走下去,心安理得地不羡慕别人的成功更不会跑去盲目地跟着别人走。应该明白,鱼儿不会因为羡慕鸟儿就能飞上天空,小草不会因为羡慕大树就能发疯地长高,一个人更不能因为羡慕别人的成就而忘了应把自己该做的事做好。

每个人都有自己的长处和优势,也就是每个人都有自己的一座"山"。关键是找到那座"山",然后坚定地攀登上去。坚持登一座山的人一定能达到顶峰,坚持做一项事业的人一定能成功,坚持一种生活信念的人一定会幸福。

建立好心态的意义就是帮助你找到最好的活法,然后顺其自然努力去奋斗。既不感叹命运也不抱怨时代,当不了大树就当小草,当不了太阳就当星星,当不了江河就当小溪……明白自己是什么也就明白了自己该走的路,明白了自己的能力有限也就明白了不可能事事完美,就可以心安理得地坚定地走在自己选定的人生路上,就会在生活中创造出无穷的乐趣,就会在前进中开发出无尽的幸福与欢乐。

如果你有过于要求完美的心理趋向,又认为情况应该比现在更好时,一定要把握住自己,放弃苛刻的眼光,心平气和地承认生活的残缺,这才是成熟者的心态。

第二章

从心而行，拥抱健康人生

人人都希望拥有上佳的生存状态——积极的工作态度、乐观的精神状态，以及对物质生活和生存现状的满足感。那么如何才能达到这样一种状态呢？家资万贯的未必满足和快乐，只有从心态入手，以正确的方式去追求，才能收获属于自己的东西。因此，认识心态，进而通过心态认识自我，是追求最佳生存境界的必要途径。

01　变通思维方式，赢取不一样的成功

脑袋不只是用来放帽子的，而是用来思索的。你不能仅仅依靠别人的判断，要用自己的脑子思索。

三个犹太人坐在一起，就可以决定世界！"世界的钱，装在美国人的口袋里；而美国人的钱，却装在犹太人的口袋里。"这是对犹太人非凡智慧的经典盛赞。有着数千年文明的犹太民族，虽然没有给人类留下特别值得骄傲的宫殿和建筑，但却给我们留下了永恒的智慧，而这智慧正是一切财富的根源。也正是凭借着这些智慧，到了最近 1000 年左右，犹太人登上了"世界第一商人"的宝座，而且他们在其他领域的成就，也让世人刮目相看。

欧洲流行这样一个笑话：一个犹太职员在一家保险公司里干的很出色，公司的老板打算提拔他，但是这个老板是个天主教徒，他希望这个犹太职员能够放弃犹太教而改信天主教。于是，他派当地一个最有威望的天主教神父去劝说这个犹太青年。会晤地点在老板的办公室。2 个小时过去了，两个人终于出了办公室，老板向前问道："尊敬的神父，在您的感召下，我想我们又增加了一名天主教徒，你是怎么说服他的呢？""非常遗憾，我们没有能够得到一名天主教徒，相反，他还劝说我买了 5 万元的保险。"

这样的笑话和幽默在犹太人的智慧词典里比比皆是，大家无不为犹太人的这种能力而惊叹。他们的智慧为他们赢得了成功。

生命的每一秒钟都离不开问题和决定。思索无处不在，从卧室里床的位置的摆放，到办公桌上没有答复的信件；从获得升迁的方式，到是否把钱存到一个国家银行里；从要不要自己开餐厅，到晚饭吃什么。大概惟

一不需要你动用智慧做出决定的时候就是你进入梦乡时。因此，你也就不难理解为什么人们如此重视逻辑和思维能力。如果大脑不能将大量资源分配给逻辑能力，你就无法从大量或大或小的判断和选择当中解脱出来，这些资源也将无法为你所用。

一个阿拉伯商人随团到中国旅游。他看见一大清早街上有很多人急急忙忙地挤车赶着去上班，他疑惑地问导游小姐，"这些人怎么那么慌张，他们一天上班几个小时？"

"至少 8 个小时，加上路程所用时间，可能要 10 个小时。"导游答道。

"他们一天有那么多事要做吗？需要花那么长时间？"他感到有点不可思议。

"大家都是这样，"导游说，"你们经商的不也是非常忙碌吗？"

"并不是你想象的那样。"这位阿拉伯商人说，"真正有办法的人，他们的日子过的既清闲又富裕。因为他们肯动脑筋，做 1 小时的工作所得的报酬超过一般人做几个小时所得的报酬。你想，一个人如果整天忙于做一件事，累了就睡，睡醒又开始紧张的工作，没有一点时间去思考，又如何谈得上有新的创见呢？因此，人们每天除了做必须的工作时间以外，一定要抽出时间来思考改善目前状况的计策。假如每个人都注重思考，还有一想到具体的方法就立刻去做，我相信任何人都不会平淡无奇的度过一生的。"

对某一客观事物，你是如何思考的，你就有什么样的看法，就会得到什么样的结果。人们已经习惯了正常的思维方式，即使没有什么成效仍很难改变。这时候，逆向思维能给你以新的思路，逆向而往，走一着险棋往往可以带来与众不同的胜局。

汉代有个官员叫陈平，为魏王做事，因为犯了错，一直得不到重用。于是他便离开了魏王去投奔项羽，可项羽却不赏识他，他又通过魏无知的推荐来到了刘邦的身边，刘邦任命他为都尉参乘典护军。周勃等官员很

不服气,他们问刘邦,"陈平虽然外表长得好看,但没有什么真才实学,听说他在家时还与他嫂子私通。他曾到过魏国,魏王不信任他;又跑到楚王那里,楚王还是不用他;现在他又来归附于您,可您这么器重他,任命他为都尉参乘典护军,来监督各部将领。下官听说陈平经常收受将领们送的钱财,谁送的多,他就亲近谁;若送的少,就给予极差的待遇。可见陈平是个贪财爱色的小人,还望大王明察。"

刘邦渐渐地也开始怀疑他了,他找来魏无知,批评他举荐不力。魏无知说:"我推荐陈平,是因为他有才能,可以辅助大王治理国事,而您今天问他的品行,如果今天有德高望重的人,他们没有决定您统一天下的能力,您会去用他们吗? 现在楚汉相争,我向您举荐有谋略的人,只是考虑他们的谋略是否对国家有利。"

汉王觉得魏无知的话有道理,于是又把陈平找来责问:"你侍奉魏王没侍奉好,投奔项王又没得逞,现在又来到我这里,守信义的人难道总是这样三心二意吗?"陈平答道:"我侍奉魏王,魏王却不采纳我的主张,所以我转投项王。项王不重视、不相信人才,他只看重本家人或他妻子的兄弟,我听说汉王能够量才用人,所以就来归附大王了。我空手而来,如果不接受钱财,就无法应付日常生活;如果我的计策中您认为有值得采纳的,您就采纳它们。如果毫无价值,那么钱都还在这里,我会原封不动地送到官府,自愿受罚。"汉王听了他的话,认为他说得诚恳,决定重用他,将他的官职升至护军中尉，全军将领都受他监护，众官员再也不敢说三道四了。

陈平果然没有食言，为汉王献出了许多锦囊妙计，为刘邦打下天下，平定内乱，起到了不可磨灭的作用。后来，陈平被刘邦任命为右丞相。

刘邦敢于逆向思维，重用陈平，为自己创造了赢得天下的机会。刘邦逆其道而大行其功，这给了我们某种启示：当很多人在往同一条路上挤的时候，只要你拥有足够的实力和信心，另谋逆路而取之，也许会达到殊途同归的目的，而且你看起来也更轻松得多。

事物的本身并不影响人，人们只受对事物看法的影响。积极思维者得到积极的结果，消极思维者得到消极的结果。有什么样的思维方式，就会有什么样的人生走向。

02　虚心以对，无往而不胜

空房子能住人，空容器才能盛物。只有认为自己的知识还有空白的人才能坚持终生学习。不满于现在所得，永远追求新知、追求梦想与夙愿才是人生的真正价值。

古代流传着这样一个故事：有一次，魏文王问名医扁鹊说："你们家兄弟三人，都精于医术，到底哪一位最好呢？扁鹊答说："长兄最好，中兄次之，我最差。"文王又问："那么为什么你最出名呢？"

扁鹊回答："我长兄治病，是治病于发作之前。由于人们不知道他事先能铲除病因，所以他的名气无法传出去，只有我们家的人才知道。我中兄治病，是治病于初起之时。一般人认为他只能治轻微的小病，所以他的名气只及于本乡里。而我治病，是治病于病情严重之时。一般人都看到我在经脉上穿针管来放血、在皮肤上敷药等大手术，所以认为我的医术高明,名气因此响遍全国。"

俗话说:"三人行,必有我师。"学海无涯,艺无止境。无论是在书本上还是在他人的经验中,只要你能随时学习,有永不自满的态度,你的知识就会不断的积累与丰富。真正有本事的人是不容易自满的,越有成就的人往往越谦虚。

俗话说:"虚心竹有低头叶。"要想在成功的路上走的既坚定又稳健,必须要随时学习,永不自满。

有一位年轻人,连小学都没有读过,但是他读了大量的名人传记,后来他成了一位历史学家。知道他的人,都对他渊博的知识赞不绝口,以为他是著名大学的高才生。其实他勤于自学,博览群书,完全靠着自修,拥有了如此骄人的成绩。

不曾受过大学教育的人,往往有过于看重大学教育的倾向。但就事实而论,世间最有学问、最有知识、最有效率的人中,有不少是从未受过大学教育的,有的甚至连学校的大门都没有跨进过。人的一生都是受教育的时期,社会就是我们的大学校。我们所遇见的人,所接触的事物,所得到的经验,都是人生大学中的教师。

亚里士多德曾说过:"我所知道的就是我什么也不知道。"他告诉我们:学习是无止境的,不要自高自大,要保持谦虚的心态。谦虚可以使你永远把自己置于学习的状态,并有助于发现他人的优点。但是,谦虚决不是通常意义的客套与虚伪,也不是遇到困难时的退缩与推卸,更不是所谓的韬光养晦,深藏不露。如果公司需要你发挥自己的能力,并且你也有这样的能力,你必须去完成它。决不能把谦虚作为推卸责任的借口。谦卑不单被智慧嘉许,而且赢得众人的恩宠。

谦虚指不自满,肯接受批评,并虚心向人请教。有真才实学的人,他们往往虚怀若谷,谦虚谨慎。

谦虚是一种美德。"一种美德的幼芽、蓓蕾,这是最宝贵的美德,是一切道德之母,这就是谦虚;有了这种美德我们会其乐无穷""谦受益,满招损""虚己者进德之基"这些都说明谦虚的美德是源远流长的。孟田说:"麦穗空瘪的时候,它总是长得很挺,高傲地昂着头。"生活中真有那么一些很是不谦虚的人,他们到哪里都是"昂首挺胸"。他们就是谷子地里那些高高站立的谷穗,如果走近你会发现,原来它们是干瘪的。同样,那些极不谦虚的人,往往腹中也是空空。而不学无术、一知半解的人,却常常骄傲自大,自以为是,好为人师。

俗话说得好,"半瓶水总是会溅,骄傲的人总是会吹。"成就是谦虚者前进的阶梯,也是骄傲者后退的滑梯。

看过一部电影《阿拉伯的劳伦斯》,在影片的开头,介绍的劳伦斯是一个勇敢善良的英国人,他专程深入到沙漠腹地,帮助战争之后的阿拉伯人从外国侵略者的统治下获得自由。他的勇敢赢得了阿拉伯人的尊敬和崇拜,被尊称"圣劳伦斯"。随着战场上一次接一次的胜利,渐渐地,劳伦斯也感觉自己是神了。这在接受一个美国记者的采访时显露无遗。

劳伦斯说:"我是神,但我不是最大的神。我是众神之一。""一般的子弹打不死我,只有银弹头才能把我打死。"

在骄傲的驱使下,劳伦斯的行为几乎没有了理智,就在他觉得自己不可战胜的时候,他被一个敌人军官从街上劫走,并遭受到了虐待和侮辱。

因为他的居功自傲使他自我毁灭,也使他丧失了正确的目标和方向。

一个从心底里谦虚的人必定能时刻保持清醒的头脑,品行不会落入恶俗,而这一切又会为他创造更好的生存和成长的环境。《将相和》中廉颇"肉袒负荆,自于蔺氏之门请罪",让我们更加佩服蔺相如谦虚的心态,而"将相和"使强秦多年不敢"加兵于赵",则使我们领略到了谦虚的力量。只有谦虚的人才能成为智者。因为只有谦虚,才会承认自己的错误,才会永不自满,才能真正地成为一个有用的人。

谦虚能使人从心底生出信心与热情。"以史为镜,可知兴替;以人为镜,可明得失"。谦虚能让人学到更多的知识,提高自己的修养。谦虚是一种品德,是进取和成功的必要前提。

一个幸福的人,要有许多美德,谦虚就是其中的一个方面。愈是没有个性的人,愈刻意制造自己的与众不同的感觉,而真正出类拔萃的人会谦虚地说:"我其实没有什么。"

03　换个视角,化解忧虑

庄子说:"人之生也,与忧俱生。"既然忧虑是与生俱来的,那么我们就要用平和的心态面对它。让我们产生忧虑的原因有很多,大多数忧虑的确没多大意思,却有人跟它掰不开扯不断,让它困扰身心,影响健康,苦不堪言。于是人们绞尽脑汁想方设法去消除无谓的忧虑,可效果总不那么令人满意。忧虑是现代人的通病,不要忧虑,因为你的忧虑百分之九十是不会发生的,纵然真的发生,忧虑也不能解决问题。

有这么一个故事:一位老太太有两个儿子,大儿子卖伞,二儿子晒盐。为了两个儿子,老太太几乎天天忧虑重重。每逢晴天,老太太念叨:这大晴天,伞可不好卖哟。每逢阴天,老太太嘀咕:这阴天下雨的,盐可咋晒啊？如此忧心忡忡，老太太竟忧虑成疾。两个儿子不知如何是好。幸访得一智者，为老太太出这么一招，"晴天好晒盐，您该为小儿子高兴；阴天好卖伞，您该为大儿子高兴。如此转念一想，保您忧虑全消。"老太太果真无忧无虑心宽体健起来。

心理专家忠告人们，"当人们在审察、思考、评价客观事物或情境时，要注意从多方面看待问题，如果从一个角度来看，可能会引起消极的情绪体验；如果从换个角度来看，可能就会发现它的积极意义，从而使消极的情绪能转化为积极的情绪。"

对于每个人来说，随时都可能遭遇各种危机。除了面对生老病死之外，还要面对吵闹分离等，这些繁琐之事都会让我们压力倍增，从而影响我们的生活和工作。忧虑产生消极，消极使人失去斗志，实不可取也。

有个叫弗朗尼的年轻人，是某一家著名零售公司的职员，住在加利福尼亚州的一个小城里，他曾经忧虑得几乎完全丧失了斗志。

弗朗尼说："在某年的夏天，我忧愁得患了一种胃溃疡的病，这种病使人极为痛苦，若是任务不在那时候完成的话，我想我整个人都会垮了。

"我当时整个人筋疲力尽。我在电器部门，担任经理的职务，工作是建立和维持一份销售过程中家电销售与滞销的纪录，还要帮忙发掘那些在销售旺季的时候滞销的电器。我得收集那些供应电器的生产厂家的一切资料，要确切地把那些电器送回到供应商手里。我一直在担心，怕我们会造成那些让人很窘的或者是很严重的错误，我担心我是不是能办好这些事，我既担心又疲劳，瘦了二十三磅，而且担忧得几乎发疯。使我想放弃还能再成为一个正常人的希望。

"最后我住进了医院。一位医生给了我一些忠告，那些话改变了我的生活。在为我做完一次彻底的全身检查之后，他告诉我，我的问题纯粹是精神上的。他说：'我希望你把你的生活想象成一个沙漏，你知道在沙漏的上一半，有成千成万粒的沙子，它们都慢慢地很平均地流过中间那条细

缝。除了弄坏沙漏，你跟我都没办法让两粒以上的沙子同时通过那条窄缝。你和我以及每一个人，都像这个沙漏。每天早上开始的时候，有成千上万件的工作，让我们觉得我们一定得在那一天里完成。可是如果我们不一次做一件，让它们慢慢平均地通过这一天，像沙粒通过沙漏的窄缝一样，那我们就一定会损害到我们自己的身体或精神了。'

"当医生把这段话告诉我之后，我就一直奉行着这种哲学。' 一次只流过一粒沙……一次只做一件事'这个忠告，暂时在身心两方面都救了我，现在我发现在生意场上，一次要做完好几件事情，但却没有多少时间可利用。我们的材料不够了，我们有新的表格要处理，还要安排新的资料，地址的变动，分公司的增开和关闭等等。我不会再紧张不安，因为我记得那个医生告诉我的话：'一次只流过一粒沙子，一次只做一件事情。'我一再对自己重复着这两句话。我的工作比以前更有效率，做起事来也不会再有那种在公司里几乎使我崩溃的、迷惑的和混乱的感觉。"

"上帝可能原谅我们所犯的罪，"威廉·詹姆斯说，"可是我们的神经系统却不会。"忧虑就像不停往下滴的水，而那不停地往下滴、滴、滴的忧虑，通常会使人心神丧失而自杀。

日本是亚洲经济最发达的国家,由于工作压力大,日本每年的自杀人数都在上升。近年来,自杀行为呈现出低龄化和集体化的特征。从世界范围看,日本的自杀现象也是非常突出的,特别是泡沫经济破灭后的20世纪90年代,自杀人数显著增加。有消息记载:1998年自杀者人数突破3万人,此后增势依然不减,2002年达到了3.2万多人。分析日本人自杀率高的原因由于当时日本的经济不景气,人们普遍感到压力大,对未来没有希望等。其中最主要的自杀原因是失业、破产、债务等与财政有关的因素。

日本人的性格内向拘谨,在生活和工作中遇到问题的时候,大多数的日本人都选择沉默。由于内心的郁结长期得不到疏理和排解,最终引致轻生的念头。可见忧虑能产生多么严重的后果。

然而,这种忧虑是盲目的,任何人都有选择的力量。选择快乐和幸福,你的潜意识就会接受,并使你成为这样的人;选择忧虑和失意,整个世界就会跟着反应。这正是心理学家亚伯拉罕·马斯洛研究的问题。他并没有着重于有关幸福本质的理论上的研究,相反,马斯洛决定研究的是那些他能够找到的、最幸福的男人和女人们,看看他们的经验向我们提供了哪些关于幸福的准则。

马斯洛教授为这样的人编造了一个名字,这个已经被纳入心理学术语的词就是"自我实现者"。"我从来没有遇到过哪一个幸福的人不是投身于一项自我以外的工作或事业的,"马斯洛教授说,"正因为这样的人在生活中有一个使命,他们才不会是自私自利、患得患失的。对他们来说,幸福是工作和责任的一个副产品。"

"自我实现"是解除忧虑的一个好方法。"自我实现者"接受自己和自己的天性,他们不会因卑微而焦虑不安。"自我实现者"面对不幸和灾祸,他们像其他任何人一样感到痛苦,但是,对于那些无法改变的事他们能够想得开,并且能照常生活。对于生活中存在的司空见惯的美好事物总是带着一种新鲜的、朴实的感情,一遍又一遍地欣赏,不管这类体验对其他人来说也许早已变得多么乏味。

在这些"自我实现者"身上发现的品质,没有哪一样是那些容易消极的人可望而不可及的,即使是他们"最高的体验"也不难得到。每个人应该以一个轻松的心态去看那些所谓的能让我们产生忧虑的事情,因为缺乏积极的心态,使我们放大了那些烦恼。要学会平静的接受,弄清楚怎么一回事,用客观的态度去分析,并没有想象的那么困难。

如果你总是遇到事情就发愁,就算你走了好运,也不会给你带来快乐。生活中无论遇到什么样的困难,都要让自己享受生活中的快乐。事情常有两面理,是是非非,好好歹歹,得得失失,总是我中有你,你中有我,何必非把一件事情想得那么糟不可?正所谓"横看成岭侧成峰"。凡事只要换个视角,常常会看到另一番景象,何愁不转忧为喜?

记住这两句话吧:

我知道生命中有许多麻烦事,但这些事大多数并没有发生。

——作家马克·吐温

能解决的事,不必去担心;不能解决的事,担心也没有用。

——西藏谚语

04　保持积极心态,给自己正能量

想想看,你记不记得这一天当中做了哪些好事。如果你像大多数人,就算想起来一两件,也是不如意的事情多,那是不是你对自己过于苛责了,不知不觉中导致了一种负面情绪的产生呢?

你或许会想,"哦,每个人都一样的!这是人之常情,没什么大不了的。"没错,遗憾的是大多数人都是如此,总是将焦点集中在自己犯的错误上。但这并不能改变什么，他们忽略了将错误搁在心里的害处有多大的影响，那样不仅会感觉有压力、紧张，还会因自我防卫过严而变得冷酷无情。我们有太多的事要去做，也有太多的错误需要弥补。为了保持平衡，必须给自己一点宽容，接受现实中不完美的一面。如果追求事事皆完美而事实上根本做不到时，就会沮丧，会觉得生活无聊透顶，身边的人也会对你敬而远之。

将焦点集中在自己的过错上，很容易深陷小事的泥沼中，认为自己真是一无是处。负面的思考带来负面的能量，产生负面的行为。你会停留在问题、愤怒与不安全的状态中，以后做事会更紧张，也会更吹毛求疵、更自责，也许会更难尽如人意。人有缺点并不可怕，可怕的是因缺点而自卑，因自卑而虐待自己。

当你想到自己做对事情时，就会将焦点集中在自己优秀的一面，会觉得自己有能力而且潜力无穷，你会多给自己一点机会，容许自己做错事时有改进的空间。

想到自己做得对的事，能让你变成一个更有耐心的人，对你自己或别人都更有耐心，你会想看到人生的积极面，你会知道自己或别人都在尽力而为。总之，接受生活中的不完美，会不再那么紧张、压力过重，像有人一直跟在身后计分一样。专家的建议是：你在各方面都尽力而为后，就要放手。因为无论你有多努力，都难免会犯一些错误。下次做得不够好的时候,不要严肃地责怪自己:看,你又犯了这毛病,怎么搞的,怎么这么笨,老是学不会,难怪别人不喜欢你! 要把责怪转换成笑自己:看你,又以自我为中心了! 虽然是很努力了,但下次要更小心点,哈! 哈! 这样是不是会过得快乐一些!

当然,自我快乐的心态不是与生俱来的,是靠后天自觉自愿的磨砺和修炼得到的。这不仅靠个人努力,也靠生活在自己的圈子里的其他人的潜移默化。因为每个人都有自己的小圈子,在这个范围内是自己熟悉的事物和人,是自己所谓的"安全区域"。不知不觉中,像一只背着壳的蜗牛,动不动就把脑袋缩回去。有的人有一种习惯:每天翻阅相同的几份报纸杂志,他们从来不尝试接受任何不同的观点。在一次科学研究中,科研人员对这种人进行了这样的心理测试:他们请一个政治立场众所周知的人阅读一份报纸的社论。社论的开头的观点与他的观点一致。读到一半的时候,观点突然来了一个 180 度的急转弯。通过暗藏的摄像机,科研人员发现这位读者的眼睛突然转向该报纸版面的另一部分。这个思想僵化的读者甚至不愿意了解一个不同的观点,因此,他不可能有笑给自己听的幸运,反而可能让别人笑自己。

生活中也一样,只是接受一种风味的菜肴,便永远也体会不到其他菜肴的美妙之处。有的人想都不想就一口咬定"我这个人口重,喜欢吃味浓的食物",于是他们在清淡的食品端上来的时候,从来都不会考虑夹一点,尝尝看。他们的心目中就坚信一种观念:只有味道重的东西才好吃,味道清淡的东西不用尝,肯定不好吃。这只能算作是过去经验的一种惯性,而成为真理的可能性太小了。记得一个电视剧中的男主人公说不喜欢吃菠萝,其实只是因为这种水果外表很难看。但是当他有一天吃了弄好的菠萝以后却大声称赞:"这是什么水果,给我再来一块!"菠萝味道没有变,只不过他以前不愿尝,吃了后,才知道原来它跟想象中的不一样。

人一旦暗示自己喜欢某种东西,便会努力说服自己放弃其他的东西。

可是我们根本就没有去尝一尝，又怎么知道不好呢？所以一个不会变换口味的人不会成为美食者；一个墨守成规的人永远也不会成为一个好的创造者。

人最好不要总把自己局限在一个固定的圈子里，尤其是对周围的环境和人感到不如意的时候。因为那时候你不可能笑。所以聪明人都会让自己在思维观念上和交际、工作中，保持一颗有弹性的心灵，随时关注、接纳新鲜的血液和力量。

对于每一个追寻生存意义的人来说，你必须克服的弱点是什么？是自卑、是沮丧、是犹疑，是了无生趣。但无论是什么，都不可怕。只要你能正视它，它或许在某一时刻会影响你，但决不能让它影响你的一生。记住了这一诤言，你才能跨越障碍，实现人生的意义和价值。美国的教育家卡耐基说："一个对自己的内心有完全支配能力的人，对他自己有权获得的任何其他东西也会有支配能力。当我们开始用积极的心态并把自己看成成功者时，我们就开始成功了。"这就说明，我们在面对任何困难的时候，不要有做不到，或者不可能完成之类的消极想法，要根据实际情况改变自己的思路，发挥积极心态的作用，争取取得成功。心态是我们命运的控制塔，消极的心态是失败、疾病与痛苦的源流，而积极的心态是成功、健康、快乐的保证！

拥有积极心态的人懂得目标、常识、勇气的价值，知道即便是稍微运用，它们也会带来意想不到的结果。如果一个人不靠奋斗就想发财，他可能会遭遇无情地打击；如果他从不付出却想享乐，肯定会自讨苦吃；如果从不关心别人却企望高朋满座，无异于痴人说梦。只有洞悉了生存的意义，相信人人为我，我为人人，相信生活中的一切悲欢和困苦都不是生活的全部，才可以利用人生的一切机遇，成功地开创属于自己的未来。

05　以宽容心看不公事，容人悦己

在现实生活中，遇到不公平的事情，我们不要烦恼，不要埋怨，用另一种观点面对不公平。要明白"吃亏是福"的道理。你要知道，没有人是愿意吃亏的。

经商中的"先赔后赚"之计，众所周知的不公平，也就是做做表面文章的意思。美国人出外旅游，有一去处可以不花一分钱，甚至还有节余，这个地方便是大西洋赌城。从纽约出发，到那里来回车费才 20 美元，到达后马上可以得到赌城当局馈赠的 15 美元现金，还有一顿丰盛的自助餐。第二次来时，凭车票又可以得到 8 美元的回赠。这是赌场老板牟利的一个妙计，为吸引顾客前来，当然来得越多越好，因为到赌场来而不赌者寥寥无几，不管赌客运气如何，总体上是赚少赔多。因此，所谓来去不花钱，实际上花费的是赌场老板从顾客身上赚来的零头。落最大好处的当然是赌场老板，但顾客还总能承受。这就是赌场老板的诀窍。所谓"降价销售""有奖销售""品尝销售""买一赠一"等等，实际上都是"羊毛出在羊身上"。然而，商战中因此取胜的却是很多。看似吃小亏，实则占大便宜。

我们虽然不赞成在和周围朋友的相处中用这些招数，但要明白，面对不公平时，吃点亏也许会给你带来惊喜。

不要再埋怨生活对你不公平，在现实生活中过多地沉醉于那些公的思考已经使我们中的好多人背上了沉重的"渴望平等"的包袱，从而完全演变成一种对生活和自己的苛刻。有的人总是抱怨自己与别人干的工作一样多，工资却比别人的少；有的人抱怨自己付出的比别人多，得到的却比别人的少……时时抱怨不公平，并由此对这个社会失去了信心。

爱默生说："一味愚蠢地强求始终公平，是心胸狭窄者的弊病之一。"因为我们不可能对人生投"弃权"票，所以就必须在努力争取的同时，学会宽容，才能正视不公平。

有一对邻居，他们一向不和，在各自的田地里都打上了堤埂，他们的田地里也都种了西瓜。王姓邻居勤劳，锄草浇水，瓜秧长势很好；张姓邻居懒惰，不锄不浇，瓜秧又瘦又弱，惨不忍睹。人比人，气死人。看着对面王姓邻居的瓜长的可人，张姓邻居觉得失了面子。在一天晚上，趁月黑风高，偷跑过去把王姓邻居家的瓜秧全都扯断。王家的人第二天发现后，非常气愤，对家人说："咱们要以牙还牙，也过去把他们的瓜秧扯断！"王家的老人说："他们这样做固然不对，但我们也不能因此就跟着学，那样太小气了。你们照我的吩咐去做，从今天开始，每天晚上去给他们的瓜秧浇水，让他们的瓜秧也长的好。而且，一定不要让他们知道。"家里的人觉得老人说的有理，就照办了。张家的人发现自己家的瓜秧的长势一天比一天好起来，觉得奇怪。仔细观察，发现每晚都是他们的邻居悄悄过来替他们浇水。张家的人十分惭愧又十分敬佩，深感邻居和好的诚心，于是备礼以示歉意。结果他们成了让人羡慕的好邻居。

俗话说："远亲不如近邻""冤家宜解不宜结"。对待不公平的事，一定要理智，不要莽撞地做出结论，那样既解决不了事情，而且使邻里关系更加恶化。要用宽容的心态去面对，用平和的心态去面对，它是化解种种不快的至尊法宝。

在生活节奏日趋加快的今天，倍感压力的现代人多渴望自己能够在紧张忙碌的学习、工作中松弛身心，减轻压力！而事实上却没有多少人能够如愿以偿，大多数人依然为生活所累，终日劳心费力、疲惫不堪。人们想松弛身心而做不到，因为他们没有深入思考应该怎样放松自己。我们每一天都应该调整好自我状态，在学习、工作之余努力放松自己，在点滴生活中发现美的闪光点，不可以让疲惫、无聊、等待的感觉浪费生命。

　　能否做到从每天紧张繁忙的学习、工作中挤时间给自己一点放松的闲暇，不但要看一个人的心理素质如何，更要找到一种事半功倍的方法。因此不管时间有多紧迫、任务有多重，只要感觉到工作效率开始下降，精力不再集中时，就要及时抽出时间调整，暂停工作并能及时转入放松状态。事实上，许多人在考试临近时是绝不肯每天分出一小时的时间来读散文、逛街或看电视的。他们总认为"现在一刻也不能放松！等熬过了这一阵子，再去睡他一天一夜！"其实，每天有规律地做到张弛有度，我们不仅浪费不了时间，而且还可以节约时间。最好不要忘记，那种期待到了将来的某一时刻才开始放松自己的计划是不可取的！如果你现在需要放松，你就现在开始放松自己。谦和轻松的心态有助于激发潜能，最大可能地提高你的工作效率。只要时常保持一种平和轻松的心理，你就能在不知不觉中走向成功。要知道，创造力源于轻松和谐的思维，紧张忙乱的情绪只能给我们的事情添乱。

　　有位成功作家向别人介绍经验时说："当我感到紧张、压力大的时候，我就不会浪费时间试图写哪怕一个字；但等我恢复了轻松平和的状态后，我笔下的文章就源源不断地产生了。"我们不妨向他学习。要使生活真的做到"放轻松"，你就必须训练自己自如应对生活琐事的能力。生活由一出出戏剧组成，喜剧、悲剧、闹剧等等剧种不可避免地轮流上演，你必须具备化悲为喜，严防乐极生悲的意识，才能随时保持一份轻松平和的心态，凭着这份稳健的自信去闯荡人生旅途的风浪。

处变不惊的人格魅力来自于积极的自我暗示——一种对生活充满了宽容、仁爱的心态。它始终使你能够正确选择对待生活的态度。有了这种积极的自我意识，你就可以学会如何去正确思考人生，就可以在不公平的社会里保持一颗轻松平和的心，并能够结合实际环境创造出新的生活方式。实践中，你自主的选择必将赋予你一个更加轻松愉悦的自我。

06 激发想象力和创造力，为成功助力启航

想象力的表面意思是对不存在或未发生的事情加以想象，达到身心充实的目的。闲暇时它可以愉悦精神，遇困时它甚至可以拯救生命于危难。

某杂志上曾刊登过这样一个故事：一位政客，一位地质学家，一位诗人，三个人是好朋友，一同外出度假时被当地匪徒追杀，他们惟一的逃生之路是要穿越一片人际罕至的荒漠。为了生存，他们一面提防追匪，一面强忍着干渴和饥饿奔向沙漠。求生的欲望使他们熬过了最初的两天，但当他们停下来休息、面对一望无际的沙漠时，他们有点绝望了，因为不知道还要走多久才能走出去。饥饿和疲劳他们还可以抵御，但没有水喝，使他们生还的希望越来越小，他们明显地感受到了死亡的威胁。

政客郑重地向两位朋友承诺说："如果这时候有人给我们送上一箱矿泉水，我回去后一定让他升官发财。"

地质学家冷静地说："在这荒芜的沙漠，连一个活的动物都找不到，哪里会有人？我们还是现实点吧，寻找水源！"后来根据多年的实地考察经验，他果真在一块地面发现土壤相对比较潮湿，三人立即折断枯枝做工具，朝湿地不停地刨下去，但直到三个人筋疲力尽，仍然找不到水源。

断 舍 离

时间在慢慢地流逝,第三天早上,诗人醒来时天刚亮。面对着广袤的荒漠,他实在无技可施,便开始想象:要是我们置身于一大片绿地该有多好啊!沐浴在阳光下,畅饮甜美的山泉,溪流静淌,树叶上的露珠被阳光折射成一颗颗晶莹剔透的珍珠……树叶上的露珠?!诗人突然想起了什么,向一棵树急忙奔去。果然,树上还残留着一些露珠。他立刻叫醒同伴,高喊"我们得救了!"他欢呼跳跃起来。

于是每日的后半夜,他们就想办法啜饮树叶上刚凝结还来不及蒸发掉的露珠。一个星期后,他们出现在荒漠的另一头,而且身体完好,亲人们在为他们活着回来高兴的同时,都为他们竟能徒步穿越这片荒漠的行动感到十分的惊讶和不可思议。诗人挺胸抬头自豪地对人们说:"我的想象力救了我们的命!"

其实,真正救了他们生命的是诗人的好心态。因为想象力每个人都有,但崇尚实际的人只看重事实,因此在心里不会给想象力留一席之地,也不会去刻意开发利用它;反而是充满了诗性与灵动的人,力争让想象力成为好心态的一部分。他们喜欢想象,在想象的空间里,他们可以预演自己的理想,品味快乐和满足,并且可能在生死攸关的时刻,使想象力成为救自己于绝境的生命之力。

所以不管现实生活如何,我们都不应丧失对美好事物的想象,它是我们在面临困境时与之斗争的动力。与想象力一样可以助我们一臂之力的还有我们与生俱来的创造力。充分发挥创造力,不仅可以拥有财富,还会有许多意想不到的东西,一个平凡无奇的人很可能因为适当发挥了创造力而成为了某方面的专家。

很早以前看到过这样一个有关"专家"的故事。一个聪明的人决定开始一项冒险活动。他大胆的预测一场万众瞩目的球赛的结局(会有很多人赌球),他发出一万封信,对其中的 5000 人预测甲队胜利,而对另外的 5000 人预测甲队失败(邮费用不了多少钱,用 E - mail 更便宜)。毫无疑问,无论如何,他总会说对一半。然后下一次,他又开始预测一场新的比赛,这一次他只给上次说对了的那5000人发信,不再理会另5000人,预言当然还是胜负各占一半;接着再把这个游戏进行下去……经过了四五次后,他已经在一千多人或者数百人中建立了极高的威信,那些人会说:"这家伙神了,说得这么准!"他会收到很大的反馈,许多人开始重视他的意见,随着名气的增加,会有新的崇拜者加入到队伍中来。当他认为自己"专家"的威信建立起来以后,便开始收费,然后再继续向上次说对了的人群"预测"。由于"预测"的结果惊人的准确,他的铁杆崇拜者越来越多地付给他报酬。这个家伙成了一个名利双收的大"专家"。

这个故事对众多真正的专家颇有不敬之嫌,只是姑妄言之,权作笑料而已。但在这年头,许多队伍中都是鱼龙混杂,良莠不齐,也不能排除一些无真才实学之人披上一些诱人的外衣,以迷惑众人、谋取私利。

话再说回来,就是真正的专家也难免有失误的时候,尤其是像对未来事件进行预测这种事。专家只是意味着对现有资料、知识了解得比较充分,比较熟悉这类事情的内幕,过去曾经做出过成绩,在这个领域中有着一些超乎常人的判断力和一大堆的支持者而已,并不意味着在未来他还会完全正确。说不定他陶醉于自己的传统经验中,不善于观念创新,出错的概率反而更高呢。

再说,当一个人决心干一件事,经过较充分的准备,下了一定的功夫之后,尽管你原来只是个普通人,现在其实已具备了专家的实力和半个专家的水平,而你没有成见、大胆进取的地方可能正是专家们所欠缺的呢!每一项新发明,人类的重大突破不都是新专家突破老专家的阻力而做出来的吗?我们可以尊重专家的意见,在他的基础上前进,但千万不要把他看作是不可逾越的高峰,而阻碍了自己的发展。

好心态的一部分是在任何的专家和权威面前都能坚守:只相信不迷信。更多的时候要相信自己,审时度势,下定决心后勇往直前,不断地强调自己的专长,没准你也能成为专家。

07　制怒,好心态提升好修养

人们总会为自己的暴躁脾气大加辩护,"人嘛,总有生气发火的时候。""要不把肚子里的火发出来,非得憋死我不可。"在这种借口之下,你总是不停地大发雷霆,想让别人都怕你发怒的样子。

有这样一位妈妈,她根本不能控制自己的愤怒。每当孩子们淘气时,她总是大发脾气。可是,她越发脾气,孩子们就越淘气。她惩罚他们,把他们关在屋里,大声叫骂,激怒不已。与其说她在当妈妈带孩子,不如说她在带兵打仗。她光知道大声叫骂,一天下来,犹如从战场归来,累得筋疲力尽。你看,孩子们知道他们淘气准会惹妈妈生气,可他们仍然不听话。这是为什么呢?

因为愤怒就是这样捉弄人:它根本不能改变别人,只能使别人更想控制动怒的人,或更想与你对抗。如果让上面提到的孩子们说出他们淘气的理由,他们或许会这样告诉你,"想看看妈妈发怒的样子吗?只要说这

样的一句话、做那样一件事情,就可以控制她,让她气得头脑发昏。你会在屋里给关上一会儿,那是无所谓的;多好玩呀,我们应该这样多逗逗她,看看她会气成什么样!"

每当你以自己愤怒的表现来对待别人的某种行为时,常常会在心里说:"为什么不好好行事呢? 这样我就不会动怒,而且会欣喜。"然而,你要是在心里说:"我要是换一种方法去做事,从他的角度多想一想,让我先去喜欢他。"那又会怎样呢? 他们无论怎样的我行我素,对别人如何坏,也会敬佩一个好人的。每当因为自己不喜欢的人或不喜欢的事情动怒,其实是在逃避现实,自己接受自己情感的折磨是因为自己做得不够好。

一个朋友曾经说过这样一件事,当年上大学时,他们班上有位女孩,从小就让父母兄长给宠坏了,娇滴滴的,动不动就撒娇邀宠。班里的同学大都让着她,可惟一有一位女同学敢教训她,而不在意她那委屈的泪水。这位女同学说:"她习惯于被人宠是她自己的事,但是否宠她是我的权利,她应该改正她自己,而不是以此为借口去要求别人来迁就她。"

不能控制自己情绪的人经常在向别人咆哮之后说:对不起,请原谅,我脾气不好。这是一种可怕的误区。为什么不努力去控制自己的情绪,反而要别人努力地去宽容你?

请记住这样的忠告:不能够制怒的人,所欠缺的不仅仅是严于律己、宽以待人的好心态,同时也是缺乏起码的文化修养的表现。

08 改掉坏脾气,为自己添魅力

坏脾气,是日常生活中碰到的普遍心理现象之一。不少人脾气急躁,遇事容易冲动,特别是对一些不顺心或自己看不惯的事,常常容易生气或恼气,有时还同人家争吵,说出一些使人难堪的话,造成一些不良后果。

断舍离

既影响了朋友之间的关系,也影响了家庭的和睦。

坏脾气者无论走到哪里都会损害你的魅力,无论你是在家里、公司、学校或者某个社交场合,都会使你的魅力受损。如果你有这个缺点,请你记得一定要控制自己的情绪。

有一对夫妇,好不容易攒够了钱,把家里重新装修了一遍。丈夫本来以为这会是舒服生活的开始,地毯、墙纸、沙发……全部都换掉了,以后的生活想想都舒服。可事实却没有他想象的那样美好。这一天,丈夫刚刚下班到家,妻子就警告他,"亲爱的,小心点! 不要把门关得砰砰响……把鞋提在手上,最好用报纸把鞋包上,免得灰土落到波斯地毯上。"第二天又说:"你怎么用脏手握门把呢? 要知道,那是新的,而且我还用粉擦了。""你这是往哪儿踩! 没看见地板上涂上波兰漆了吗?""哎哟,你可别碰墙——会把墙弄脏的!"第三天以及整整一周里她老是叨唠着:"站住,别往椅子上坐,我用专门的洗涤液擦过了!""你这是什么习惯! 刚下班回来,就往沙发上坐。如果你想休息一下,就到院子里,坐到长凳上去!""嗨,你这个人,怎么在屋里抽烟呐! 会把天花板熏黄的。你到楼梯上或者厕所里去抽吧!"

舒适,是件了不起的事! 如果再有个爱整洁的女人操持着,那简直就是一项伟大的事业了。

"你往哪里踏! 这是匈牙利长条粗地毯!"

"别碰书架,那是法国式的!"

"离小碗橱远点——那儿放着捷克玻璃器皿!"

不久,事情愈来愈多,"喂,亲爱的,该与朋友们断绝来往了。你一个人在地板上踩还不够么……"

最后舒适达到了顶峰,"天哪,看你把卧室糟踏成什样子了! 不行,要是这样,还不如你干脆就甭进屋! 晚安,亲爱的! 今天,你就在走廊里过夜吧!"

如果你的妻子是这么一个人，那你的生活别想求得安宁，最好的家就是温馨的家。做妻子的可以追求家里的整洁舒适，不可以对丈夫过于挑剔。如果妻子总是喋喋不休，那么她在丈夫心目中的形象会大打折扣，这是一定的。性情太过急躁，太过挑剔，会给生活带来很多不必要的麻烦。本来房子装修好了就是享受的，反而把它当宝贝一样供起来，这样的生活还有什么情趣。坏脾气只会让丈夫对家产生厌烦的心理，影响夫妻间的感情。

好脾气，往往同和睦温暖的家庭环境以及良好的教养有密切的联系；而暴躁、倔强、怪癖、任性等坏脾气，则常常与娇生惯养、过分溺爱或得不到家庭温暖、父母的要求过于严厉有关。个人生活道路的平坦或坎坷，对人的脾气和性格也会产生重大的影响。

由坏脾气产生严重后果的例子，在现在的体育赛场屡见不鲜。球场上的坏脾气到底值多少钱，可没有国家标准。据悉，有段时间，中国男篮和波多黎各男篮打群架，中国篮协开出的罚单上是 17 万余元。这只是篮协的标准，如果换了足协，也许会更多。对于足球和篮球的惩罚，除了罚款，就是停赛。罚款加停赛的损失，被罚者的经济损失一目了然。他给球队造成的损失，应该分成明暗两笔账。明账相对比较好算，比如某些球星的坏脾气，造成中国队胜利变成平局；比如中国男篮打完架，主教练尤纳斯认为影响了下次比赛的状态，对最后的座次当然有影响。这可就不太好算了,中国足球的"坏脾气"明星们,几乎在毁灭中国足球的形象,中超没人给赞助,少说是几千万的损失,多则损失更不用说,平摊到每个"坏脾气"的身上,应该是一笔不小的数目吧。同样,CBA 费了九牛二虎之力,培养出了自己的品牌,国家队如果再这样多打几次架,一下子就会把篮球的形象给毁了。更别说魅力了。对某些球星来说,他们作为出色的国家队的球员,他们的魅力无人能敌,得到了大多数球迷的喜爱。希望以后他们在发脾气的时候,会适当地控制一下自己的脾气,注意保持自己的魅力。不要给我们的青少年留下不好的习惯,他们崇拜你,也会模仿你,要三思而后行啊。

所谓"江山易改,禀性难移"。是说人的脾气、性格有稳定性的一面,但并不是说脾气、性格是固定不变的。有些人经过生活的磨炼,特别是吃了坏脾气的亏,那么他的脾气就会慢慢变得比较平和了,对事情也不那么固执己见。所以坏脾气是可以改变的。

NBA 的坏孩子隆·阿泰斯特发誓,一定要帮助印第安纳步行者队赢得 NBA 的总冠军。

"人都要慢慢变老的,但同时也变得更加成熟。也许明年你们将看到一个年纪更大的球员,但同时也是一个更聪明的球员。"在步行者新秀训练营里阿泰斯特对记者说。

自从 2005 年 11 月份他因为与球迷打架被 NBA 禁赛以来,这是他第一次与媒体对话,而他的意思就是要降低自己的技术犯规的次数,改掉自己的坏脾气,弥补因为自己缺赛给球队带来的损失。

这名前 NBA 全明星球员因为在与活塞队的比赛中与看台上的一名球迷动手,结果被 NBA 禁赛一个赛季。不过,步行者队还是打进季后赛第二轮。阿泰斯特说:"我们是前八的队伍,尽管发生了那么多事,我们还能进前八,我为球队感到骄傲,他们一直在支持我,我要在今年回报他们。我希望为他们做点什么,我希望赢得冠军。"

怎样才能改掉坏脾气呢？首先是要认识到坏脾气所带来的不良后果。我们总要同其他人进行接触和交往，希望得到别人的好感、赞赏、友情、合作。否则，就会感到孤独、寂寞，没有生气，寸步难行。人的行为是受意识调节和控制的，认识了坏脾气带来的危害，便可从内心产生改掉坏脾气的要求。其次，要加强思想修养。只有心中经常想到别人，尊重别人的利益和需要，才会对别人体贴、热爱。只有时刻把集体的利益放在第一位，才不至于意气用事，固执己见，才能遇事平心静气，三思而行。最后，对改掉坏脾气要有决心和毅力，坏脾气是一定会改掉的。只要加强个人修养，学会控制自己的坏情绪，才没有人能抗拒来自于你的魅力。所以好心态可以打造人格魅力，而坏脾气却伤己又损人。

09　学会自嘲，轻松扭转不利局面

无论是什么人，都需要财富。不管你的年龄、文化程度、职业如何，都依赖于财富为你解决衣食住行。但财富有两种：一种是有形的，它是金钱；一种是无形的，那就是好心态。好心态可以指引你取得你要寻找的财富，如果每个人都能从好心态出发，向前迈出你的第一步，接下来的每一步都会让你缩短和财富的距离。

这个故事的主人公叫奥斯科，他在气温高达 43 摄氏度的西部沙漠地区已经待了半年多，正在为一个石油公司勘探石油。奥斯科毕业于麻省理工学院。他运用学到的知识把旧式探矿杖、电流计、磁力计、示波器、电子管和其他仪器组合连接成勘探石油的新式仪器。可惜他所在的公司因无力偿付债务而破产，他失业了，前景相当黯淡。奥斯科踏上了归途。他在俄克拉荷马州首府俄克拉马荷的火车站上等候火车。由于必须在火车站等待几个小时，他就百无聊赖地在那儿架起他的探矿仪器用以消磨时间。仪器上的读数表明车站地下蕴藏有大量的石油。但奥斯科不相信这一切，他在盛怒中踢毁了那些仪器。"这里不可能有那么多石油！不可能有那么多石油！"他十分愤怒地反复叫着。他的坏情绪使他真正领教了什么是"坐失良机"，他一直寻找的机会就躺在他的脚下。

那天，奥斯科在俄克拉荷马城火车站前，把他那勘探石油的新式仪器毁弃了，他也丢掉了一个全美国最富饶的石油矿藏地。不久之后，人们就发现俄克拉荷马城地下藏有石油，甚至可以毫不夸张地说，整座俄克拉荷马城就浮在石油上。

尽管这一次奥斯科与有形的财富擦身而过，但是他还拥有无形的财富，那就是一份好心态，所以没过多久，他已经能够坦然面对这次失败，并对试图挪揄他的人自嘲道："至少这件事让我知道了自己不是洛科菲勒。"

生活中，几乎每个人都会遇到一些让人难堪的局面，遇到窘境，如何冷静应付，调整心情呢？专家告诉我们，"自嘲"是一剂平衡心理的良药。

古代有一个人叫王某，自视不凡，一向不敬重司徒蔡谟。有一天，他和朋友刘胢去蔡谟家做客，交谈中提及官府中有买官位的人，便问蔡谟买一个司徒官位要花多少钱。他的朋友刘胢也语出不恭，随声附和追问。蔡谟并未恼怒，而是推说自己记忆不好，不记得捐给皇上多少钱，改日上朝替他俩问一下皇上，封一个司徒这样的官位要收多少捐银。王某自知无趣，又转移话题问蔡谟跟贤士王夷甫相比如何，蔡谟立即回答自己不如王夷甫，王以为有机可乘，便追问蔡谟何处不如王夷甫，蔡谟回答：王夷甫身边没有你们这样的人。蔡谟用机智和恰到好处的自嘲，反讽了嘲人者，使其自取其辱。

其实，在现实生活中可以用自嘲来化解不利情形的时候也很多。比如：当你在经济上受到不合理的待遇时，你的生理缺陷遭到别人的嘲笑时，在某些行为不被别人理解时。如果是一些非原则的问题，可以装装糊涂,为心灵增加一层保护膜;在时机适当时也可以如前所述,反戈一击,还以颜色。

学者周国平曾说过:自嘲使自嘲者居于自己之上,从而也居于自己的敌手之上,占据了一个优势的地位,使敌手的一切可能的嘲笑丧失了杀伤力。学会自嘲,你就会拥有一种无形的财富,一副百毒不侵的健康的体魄,一个平和健康的心态。

10 拥有积极心态，实现自我超越

与其说这是一个运动冠军的故事,不如说这是一个人生冠军的故事。

童年的格兰恩在一场大火中劫后余生,却被严重烧伤的双腿困在床上,医生确诊他以后"无法正常走路"。这样的诊断,对于任何一个渴望自由奔跑和跳跃的小男孩来说,都显得极其悲惨,更何况是对长跑情有独钟的格兰恩。

起初,格兰恩一家只以为"无法正常走路",就是走路的姿势会很难看,但至少可以走。事实上,烧伤痊愈后纠结的皮肤和萎缩的筋络,使得格兰恩的双腿既不能全蹲也无法直立,想"正常的走路"得靠轮椅,想跑步无异于痴人说梦! 格兰恩更不能接受这个事实,他哭闹、愤怒、拒绝见任何人。他把自己关在房间里,冷静下来之后,仍然有一种让双脚再次触地的渴望和冲动,他半蹲着倚墙站立后,又试着搬动双腿向前迈出一步,就立即被锥心刺骨的巨痛击倒在地,但这一步却给了他一丝希望:他能走! 于是,格兰恩和家人制定了一份功能恢复计划,每一次训练都让他痛彻心扉……

就这样,数不清的眼泪和汗水,陪伴他成为奥运会历史上长跑最快的选手之一。他对采访的记者说:"一个运动员的成功,强健的体魄只占很小的一部分,大部分靠的是信心和积极的思想。换句话说,你要坚信自己可以达到目标。"他说,"你必须在三个不同的层次上去努力,即生理、心理和精神。其中精神层次最能帮助你,我不相信天下有办不到的事。"

拥有不绝望、不放弃的心态,就能使一个人将自己的弱点积极地转为最强的部分。这种转化的过程有点类似焊接金属:如果有一片金属破裂,经过焊接后,它反而比原来更坚固。这是因为高度的热力使金属的分子结构排列得更为紧密的缘故。

弱者与强者之间的距离的长短,掌握在你自己手里,要超越这段距离,首先必须超越自己。《旧约》中提到这样一个故事,有一个高大的魔鬼总是欺负村里的孩子。一天,一个 16 岁的牧羊男孩来看望他的兄弟姐妹们。当他知道了魔鬼的事情后,就问他们:"为什么你们不起来和魔鬼作战呢?"他的兄弟们一脸惊慌,回答说:"难道你没看见他那么大,很难打倒他吗?"但这个男孩却镇静地说:"不,他不是太大打不了,而是太大逃不了。"后来,这个男孩仔细观察、研究魔鬼的身体结构和动作特点,设计了一个类似投石器的工具将魔鬼杀死了。他成了人们心中的少年英雄。

这个故事中的牧羊男孩没有像其他人一样,只是想魔鬼如何的大、如何的历害,而是找出他致命的薄弱环节;小男孩没有自卑于自己的矮小,力量的微弱,而是看到了自己的聪明和灵活,因此充满自信。其实,有很多时候并不是老天不公平,不让我们在生活中有所作为,甚至让我们生活在自认为的痛苦中,而是我们习惯了在任何时候都只是一味地肯定别人的优点,却处处放大自己的缺点。如此一来,又怎么能够成功呢?

来自哈佛大学的一个关于成功就业的研究发现,一个人若得到一份自己喜爱的工作,85%取决于他的心态,而只有15%取决于他的智力和所知道的事实与数据。对每一个渴望振翅翱翔的人来说,好心态就是助他鹏程万里的那双翅膀。

有一个人在集市上卖气球，他有各种颜色的气球，红的、黄的、蓝的和绿的。每当买的人少的时候，他就放飞一个气球。当孩子们看到升上天空的气球如此漂亮的时候，他们都想买一个。这样，卖气球人的生意又好起来。这个人一直重复着这个过程，一天，他感到有人在拉他的衣服，他转过身来，只见一个可爱的小男孩在问他，"如果你放开一个黑色的气球，它也会飞起来吗?"卖气球的人被这个男孩的专注所打动，和蔼地说:"孩子，不是气球的颜色使它飞起来，使它飞起来的是里面的气体。"

我们的生活也是如此。在生活中，是我们的内心世界在起作用，使我们不断进步的内部动力就是我们永远的优势之一。积极的心态与消极的心态一样，都会对人产生一种作用力，两种力作用点相同，作用方向则相反，这一作用点就是你自己。要成为强者，你必须最大限度地发挥积极心态的力量，以抵消消极心态的反作用力。

既然心态是如此重要，干嘛不让自己的心态积极一点呢？让自己保持积极的心态，认真投入、敬业地去做事情，不仅可以超越自我，发挥自己的潜能，而且还可以帮助我们跨越成功的障碍。在某些时候，一切条件似乎都对我们不利，此时要从心理上多发掘自己的优势，能够比别人多投入一些，更积极一些，再坚持一些，从不轻言放弃，成功就离你越来越近，你就会由弱者变为强者。

11　得意莫忘形，失意不失志

作为一个拥有良好心态的人，他应该始终具有清醒的头脑，在得意时不忘形，在失意时不丧志。

炎炎夏日，蚊虫肆虐，人们对此深恶痛绝。它们虽不易灭绝，但却容易捕杀，原因很简单，它们时常得意忘形，把自己推上死路。如果仔细观

断 舍 离

察就会发现,有些蚊子在吸食人畜的血液时,在没有受到惊扰的情况下,它会一个劲地吸起来没完,直到飞不动或勉强飞往一处自认为安全的地方休息,安于享受成功。此时它们吃饱喝足的身体已变得迟钝,完全忽视了危险的存在,而这正是它们接近死亡的时刻,若现在想杀死它,已无须奋力拍打,只须轻轻一按,它们便一命呜呼。

蚊子的死是罪有应得,但它给我们的启示却是深刻的——一个人经历千辛万苦换来成功的甘果时,是手捧观之得意洋洋,还是保持冷静视之为过去,重新设定新的目标,并加倍努力实现之。选择前者,就选择了和蚊子一样的命运;选择后者,成功的甘甜将会始终伴随左右。

是什么原因使人的选择不同呢? 是一个人处世的心态。好心态不仅可以指导我们在工作上取得成绩,还能指导我们在各种误解面前站稳脚跟,坚持自己认为对的事情,不因为别人的不理解而改变自己。

由于与生俱来的性格使然,有人外向,有人内向,也因此造成了每个人在外在行为上的差异,这便成为误解的根源。

"同事们都这样。要是我整天捧着书本不和他们闲聊,显得我清高、不合群,多不好啊。"

不久以前,一位刚从学校毕业工作的小师弟跟他的一个知心朋友说了上述一番话。的确,谁不希望能够在单位中培养良好的人际关系,和大家融为一体,尤其是刚毕业参加工作的学生,好像不和大家打成一片就没有获得大家的认同,工作起来没有底气。这种想法也不能说不对,但绝对要具体情况具体分析,万不可一概而论。

就以上述的这位小师弟为例吧。他毕业于上海某警官大学,学的是道路交通管理,毕业分配去了沿海的一个中小城市。他每天的工作是上街值 2 小时班后休息几个小时,然后再去上岗。工作压力不大,闲暇时间很多。但是他周围的同事们每天值勤回来后就是聊聊天、打打牌,晚上下班后也经常是出去吃吃饭、喝喝酒、跳跳舞。小伙子每次和他们在一起的时候，觉得时间太浪费了，有一种犯罪感。他喜欢读书思考一些问题，并想考研究生接着深造。但就出现了本文开头所提到的问题。他不和同事们一块聊、玩，又怕人家说他假清高、不合群等等。基于这种情况，他的朋友对他说：从你所讲来看，你的这些同事可能文化素质不高，又安于现状，没太大的追求，他们也许能够做好目前的本职工作，但再有什么发展和进步的可能性很小。你的这种顾虑完全没有必要，因为如果只有同他们一块虚度光阴才算合群的话，那你必须以牺牲自己的爱好、前途、追求为代价而去合群，必须放弃提高自己思想境界为代价才不会清高，按他们的标准去要求自己。在工作和生活中，这种"就低不就高"的合群、不清高，实际上是媚俗，是完全错误的一种想法。

不合群的现象一般有两种：一种是因为性格孤僻、封闭自我，或是人品道德上低劣而让大家疏远；另一种则是因为某个人的优秀出众，或者是追求的目标高于众人之上，不迎合众人的口味或疏于处理人际关系等，从而不被大家理解或受人妒忌。在生活中两种情况都经常见到，尤其是第二种情况。比如陈景润做一名中学数学老师，肯定是不"合群"的；比尔·盖茨中途从哈佛退学也和大家心目中的"好学生"标准不一致……这些人的共同点是都曾经不被看好，却都取得了骄人的业绩，而且他们从不曾得意忘形。

我们应努力处理好周围的人际关系，但这是为了发展自己的事业，让自己做得更好，而绝不应该是牺牲自己的追求和理想去随波逐流。要在心态上摆正，只要你优秀出众、超凡脱俗，虽然容易被人误解是清高、不合群，但这也远远胜于得意忘形后的自我毁灭。有志与力，就坚持去做，哪怕遭一时误解，也不让梦想折戟。

12　跨越失败，向成功进发

人们从小就喜欢做游戏,游戏本身,就是在不断战胜挫折与失败中获取的一种刺激与快乐。假如没有挫折和失败,再好的游戏也会索然无味。人生就如一场游戏。失败不是永恒的状况,不是致命的错误,而是一种弥足珍贵的成长经历。

在一般人眼中,张拓似乎一直都走在失败的道路上。上小学二年级,期末考试成绩出来了,他数学居然没有及格。家长找老师了解情况,数学教师摇着头说:"张拓似乎对数学天生不感兴趣。"末了还加一句,"数学学不好的孩子一般都不聪明。"面对老师的无奈与家长的失望,张拓稚嫩的心灵中第一次有了"我很笨"的印象。在中学,他效仿笨鸟先飞,埋头苦读,终于考入了大学。勤勤恳恳的他更加刻苦,试图以四年后的研究生考试去实现他的理想。但是命运之神没有垂青于他,在关键的三天考试中他病倒了。虽然学校破例在他的病房专门为他开设考场,但是病魔的折磨没能使他逃脱落榜的厄运。

考研失败,家庭条件不是很好的他放弃了继续复习,开始找工作。由于缺乏交际能力,没有社会实践经验,他四处碰壁,最后一所小型的研究所接收了他。他以为能大干一场,但一走上工作岗位,才发现不是那么回事。资金的匮乏、设备的落后、机制的老化,使得他根本没有搞研究的可能。整日里无事可干,研究所就如同一个沉闷的铁笼子,套住了张拓。有时,张拓也想辞职不干,可高额的违约金、沉重的家庭负担使得他只能"心动",不敢"行动"。为了让父母宽心,他控制自己不去产生某些"极端"的想法和采取某些惊人的行动,但他时常认为自己失败极了。

面对残酷的现实,张拓沮丧失望,郁闷寡欢,他对自己的能力产生了怀疑，也许他真的是太笨了，注定他会一事无成。但是要强的他不甘心就这么沉沦下去。年轻和激情是他现在最大的资本，因为年轻，就有错了再改的机会，因为激情，就有改变现实的可能。张拓的心渐渐沉静下来。他拿出考研的尽头，钻研资料；虚心向老专家请教，试着和同事过沟通交流，提升自己的科研技能和交际能力。没有资金，他积极向领导请示，得到上级的一批扶助资金，然后他有硬着头皮找到昔日的同学，如今已是飞黄腾达，成为企业的老板，拉来了一批赞助资金，购买了足可以使用的科研设备。天地虽小，张拓决心要在这个属于自己的小小的空间里开拓出一番新的成绩，大不了重新再来。张拓做好了迎接挑战的一切努力，也做好了接纳失败的准备。第一年无果而终，第二年成功遥遥在望，功夫不负有心人，经过三年多的坚持和努力，张拓的科研成果一举获得了省优质奖，而研究所也因有他这样一位高材生而增光添彩。久经失败折磨的张拓终于品尝到了成功的甘甜。

从以上的例子可以看出，失败只是人生的一个阶段，它不是对人格的宣判，也不是永恒的状况，不是致命的错误，而是一种必须的成长经历。托马斯·爱迪生曾经说过，"失败也是我需要的，它和成功对我一样有价值。"失败是一种"强刺激"，对有志者来说，往往会产生增力性反应。失败并不总是坏事，也没有什么可怕的，面对失败，不能失望，而是要找出问题的症结，寻求进取之策，早日达到成功的目标。

失败的原因多种多样，这里只是归纳以下几种：

（1）缺乏交际才能。走在人生的道路上，社交知识往往比学术才气更为重要。具有高度社交能力的人也许并无什么才华，但直率、随和，容易相处，深得大家喜爱。交际能力差的人却正相反，他们脾气暴躁，反复无常且不负责任。有人说，成功者与失败者之间只有一个区别：成功者绝对正直并且理解他人。我们天生拥有一定基础的智力，但社交智慧却不是与生俱来的，而是后天努力的结果。这不是件容易的事，但社交智慧就像法规一样,是可以学的。

(2)不敢全力以赴。他们害怕失败,害怕失败留下的挥不去的阴影,他们不敢舍身冒险,其实这样反而增大了失败的可能性,也就失去了获得成功的可能性。他们也许不会出现在失败者队伍里,但也不能遂其所愿,是"潜在的失败者"。潜在失败的根本原因是缺乏自信。要想成功,心中首先要有一个成功的自我,让这个成功的内心形象时刻相伴。

(3)踌躇不前。你明知应该行动,却不愿去迈步。你或许感觉自己将被提升,或许感到情况会恶化。理智告诫你必须改变自己,而你却不能。恐惧使你踌躇不前,你等待什么,连你自己都不清楚。心想:该来的总会来,想躲也躲不了,这是天意。你把你的前途交给了上天来决定,即使失败了,也是你自己的选择。踌躇不前通常不会导致明显的失败,而是"潜在失败"的主要原因。它使你感到缺乏意志,无力驾驭自己的生活,这种感觉助长了内心的失望。

有人问一个小孩是怎样很快学会溜冰的,那小孩回答说:"我就是跌倒了爬起来,爬起来再跌倒,然后再爬起来,就学会了。"个人成功,人类进步,实际上都有这样一种精神。跌倒不算失败,跌倒了爬不起来,才是真正的失败。

许多人要是没有遇到失败,就不会发现自己潜在的才干,他们若不遇到极大的挫折,不遇到对他们内心深处的打击,就不知道怎样激发自己内部储藏的力量。要考验一个人的韧性,最好是看他失败以后的行动。失败以后,能否激发出他更多的计谋与新的智慧?能否激发出他潜在的力量?是使他更坚强,还是使他心灰意冷?爱默生说:"伟大的人物最明显的标志,就是他坚定的意志,不管环境变化到何种地步,他的初衷与希望,仍然不会有丝毫的改变,而最终克服障碍,以达到所期望的目的。"

有的人或许要说,已经失败很多次了,所以再试也是徒劳的。这种想法是自暴自弃!对意志永不屈服的人,就没有失败,只是还没有成功。无论成功是多么遥远，失败的次数多得可怕，最后的胜利仍在他的期待之中。只要有一点希望的火光，就能照亮整个内心世界。世间真正伟大的人，他们无论面对多么大的失望，都认为那是在"曾益其所不能"，这样的人终能获得最后的胜利。人们玩游戏时的心态是寻找乐趣，是带着挑战的心情去面对游戏中的困难与挫折。你面对强大的对手，不断地遭受失败，但越是如此，你越发玩兴十足。试想，倘若在生活中，也用这么一种不服输心态，那么失败和挫折也就不会显得那般沉重和压抑了。既然如此，我们为何不能将失败与挫折当成一种游戏，以便让痛苦沮丧的心态超然快活起来呢？这样做也许你会发现，失败是游戏的一部分，是走上最高处的一级台阶。

13 发散思维，提高创造力

"对不起，我头脑不灵活，就算我竭尽全力地想，也想不出什么好主意！"这是要求一个人出点新颖主意时的典型答复。我们大多数人对自己的创造能力完全没有信心，都以为有创造力或没有创造力是天生的，谁也无能为力。这种观念已被证实是错误的。美国一些大学和工业界举办的课题显示，创造力可以培养。例如，布法罗大学有过一个研究计划，把选修用创造性思维解决问题课程的研究生，与未选这种课程的研究生分成两组加以测验。结果显示，选课的一组在产生新颖主意的能力方面平均比另一组强94%。

用创造性思维解决问题的课程开始时通常是一些促使心智灵活的练习。例如，老师可能问："你怎么安排五个9，使它们加起来等于1000？"经过五分钟默默思考之后，每十个人中大概有一个可以得到正确答案。一块石头，你能想出多少种用途？初学的人一般在五分钟内可以想到6到

8 种用途,包括铺路、攻击和压东西。在修完课程中"实践创造性思考"的原则和技巧以后,他们想到的用途平均是 15 到 20 种,包括抵挡洪水、充当磨石等。

研究创造力的著名学者欧士朋所著的《想象力的应用》一书,是多数创造性思考课程所用的教材。书中阐述了提高创造能力的几条原则,其中有这样三条:

(1)清楚认定问题。这听起来似乎很简单,但是即使表面很简单的问题,也未必能说得很明确。一个年轻母亲问老师:"怎么才能使我的儿子早餐时高兴地吃鸡蛋呢?"老师反问:"你为什么要他吃鸡蛋?"答复是:"因为鸡蛋富于有助身体发育的蛋白质。"因此如果说得正确点,问题就变成:怎样才能帮助孩子得到足够的蛋白质? 不久以后,这位年轻母亲的孩子,就不必在为吃鸡蛋发愁了,因为早餐改成了他最喜欢的食物牛肉饼了。

(2)考虑一切可能的解决方法。明智的决定来自于许多可行方案的抉择。你如果希望有一大堆主意,你就要慢点批评。"绞脑汁"会议就是一个很好的方法。包括十几个到二十几个人的一群人对一个特定的问题尽可能提出解决方法,越多越好。一个人的思想会激发另一个人的思想,所以,一次主持有力的简短"绞脑汁",可以产生数量惊人的妙主意。一项严格的规则就是必须暂停一切批评,不许讥笑别人的主意。例如,一群人面临的问题是:一枚水雷已经漂近一艘下锚的驱逐舰,近得来不及发动引擎逃避,请问有什么办法可以挽救驱逐舰? 提出一大堆建议之后,有人开玩笑说:"让大家到甲板上去,合力把水雷吹走!"这个显然不切实际的建议却启发了另一与会者的想法:搬水管来冲,把它冲走。事实上,这就是某次战争中一艘驱逐舰真的碰到这种险境时船员采用的办法!

(3)搁置问题。在经过一段长时间似乎徒劳无功的努力之后,最好暂时把问题转交给潜意识。我们大脑中非常复杂但也非常先进的"计算机"会在潜意识里进行神秘的计算。然后有一天，一星期或者更长的时间,在某个特定时刻一个意想不到的答案突然涌上心头。

乔治·西屋为了怎样能使一长列火车车厢同时停驶，冥思苦想了好多年。后来他读到将压缩空气用管子输送到几里以外的山中打洞机的报道，答案也快速闪现：他要用管子把压缩空气输送到他的长列火车上，用空气刹车使它们停驶。不过这种灵感是长期储备和思考以后才来的。如果条件相同，知识最丰富的人，将是最富创造力的人。

如果你碰到一个问题，先要仔细想个透彻，直到你能够清楚地说明它到底是什么问题。然后独立或借家人、朋友、同事之助找出解决问题的一切可行办法，暂时不作评判。写下你所有的主意，隔一两天之后，挑出最好的主意，你也许就能得到你要找寻的答案了。你要坚信：没有做不成的事，只有想不到的事。

14　拥有自信，让我们如此美丽

缺乏自信常常是性格软弱和事业不成功的主要原因。

有一个美国外科医生，他以高超的面部整形手术闻名遐迩。他创造了很多奇迹，经整形把许多外表丑陋的人变成面部非常漂亮的人。渐渐地他发现，某些接受手术的人，虽然为他们做的整形手术很成功，但是仍然找他抱怨，说他们在手术后还是不够漂亮，说手术没什么成效，他们自感面貌依旧。于是，医生悟出这样一个道理：美与丑，并不仅仅在于一个人的本来面貌如何，还在于他在心里是如何看待自己的。

一个人如果自惭形秽，那他就不会成为一个自信的人，同样，如果他总是觉得自己很笨，那他就成不了聪明人；他不觉得自己心地善良——即使在某些时候还做做好事，那他也成不了善良之人。拥有积极的心态，你

断 舍 离

就能成为你希望成为的人，甚至能成为比你希望的更好的人。你是否拥有积极的心态呢？你相信自己会拥有吗？拥有积极心态是一种能力和自信的表现，如果对自己的能力有自信，珍惜和把握你身边良好的客观条件，真正的幸福不会和你擦肩而过。

心理学家做过这样一个试验：他从一个班的大学生中挑出一个最丑陋、最不讨人喜欢的姑娘，要求她的同学们改变已往对她的看法。在一个阳光明媚的日子里，大家都争先恐后地照顾这位姑娘，向她献殷勤，努力找出她身上值得赞赏的地方来表扬她，大家假戏真做，打心里认定她就是位漂亮聪慧的姑娘。结果出人意料！半年以后，这位姑娘出落得很好，连她的举止也大方得体跟以前判若两人。她快乐地对人们说，她获得了新生。确实，她并没有变成另一个人——然而在她的身上却展现出一种蕴藏的美，这种美只有在我们相信自己，周围的所有人都肯定我们、爱护我们的时候才会展现出来。许多人认为，信心的有无是命中注定的、不变的。其实并非如此。童年时代受人喜爱的孩子，从小就感到自己是可爱的、善良的、聪明的，因此才会获得别人的喜爱。于是他就尽力使自己的作为名副其实，造就自己成为他自信的那样的人。而那些不得宠的孩子呢？人们总是训斥他们，"你是个笨蛋、败家子、懒鬼，是个没用的东西！"

于是他们就真的形成了这些恶劣的品质。因为人的品行基本上是取决于自信的,每个人的心目中都有想要成为什么样的人的标准,我们常常把自己的行为同这个标准进行对照,并据此去指导自己的行动。因此要使某个人变好,就应对他少加斥责,最好是帮他提高自信力,修正他心目中的做人标准。如果想进行自我改造,提高某方面的修养,就应首先改变对自己的看法。不然,自我改造的全部努力都会落空。对于人的改造,只能影响其内心世界,外因都是通过内因才起作用的。这是人类心理的一条基本规律。

对真善美的自信更为重要。人们总是本能地竭力保持这种自信改造成的形象。当然,我们也要接受别人的批评,但一定要接受那些善意的和那些出于对我们信任和爱护的人的批评。若是有人伤害我们的自尊,即以己之见对我们横加贬低、斥责,甚至谩骂我们是笨蛋、呆子时,我们便心生厌恶,愤然反击。这是我们的心理自发的捍卫着自己,捍卫着人最宝贵的品格——自信心。假如我们在乎的人削弱了我们的自信心,那我们就会真的感到失落,追求真善美的意志就会衰退。所以,自信的魅力就是:它能让我们成为自己想成为和能成为的人。

15 摒弃消极心态,拥抱积极人生

无论你身处逆境或顺境,消极被动的心态都会使你慢慢丧失活力与创造力。因此只有战胜消极被动的心态,才能让自己走向成功。

有两名师范院校毕业的朋友,一个被分配到某所山村小学当老师,另一个却幸运地分到了城市小学任教。被分配到山村小学的 A,抱怨自己的命不好,山村里信息闭塞,文化生活单调,吃的用的差,同事水平低,他的雄心壮志被磨得一点都不剩。他开始把课余时间消磨在麻将桌上,上课之前懒得备课,整天琢磨着怎么能调进城。一次教育局局长突然来听课,没有任何准备的他被开除了。他难过地想:如果当初我分在城里,那我一定会努力的,说不定现在已经是教学骨干了！被分到城里的 B 也下岗了。因为自从到了城里后,他与领导同事相处得不错,工作轻松、工资优厚,他觉得就这样过一辈子挺不错。他不再钻研教学方法,不再认真备课,很多孩子都把他叫做"催眠大师"。一段时间后,学校引进竞争机制,B 被淘汰了。他想:如果当初我被分到农村,那就一定会努力学习,争取早日进城,而现在我却变成了被温水煮熟的青蛙！

看出这俩人的问题了吗？是他们自己把消极被动的种子种在了心中,环境如何并不能成为他们消极被动的借口。一个人一旦养成了消极的习惯,那么处于顺境便盲目满足、放弃努力,遇到成功便自我满足、停滞不前;处于逆境便轻易退缩、灰头土脸,遇到困难便轻言放弃、怨天尤人。这就是消极的种子最容易破土发芽的环境。

无论身处什么样的环境,一旦养成了消极被动的工作态度和习惯,人就很容易不思进取、目光狭窄,慢慢地丧失活力与创造力,忘记了自己当初信誓旦旦的人生信条与职业规划,最终将走向好逸恶劳、一事无成的深渊。而最可怕的是生活态度的消极。工作上的消极、失败与无望,必然会对人的其他方面产生非常可怕的负面影响。想想看,一个人消极地面对世界,满眼的灰色,为周围的朋友同事所不屑,该是多么的可悲！

一个环境,怎样是好？怎样是坏？标准并不在环境本身,而在于人如何自处:置身其间,不迷失自己,保持积极主动的精神,这样的环境再"坏"也是好环境,反之,再"好"的环境也是坏环境。环境对人确实有一定的影响,而最关键的还是人自身,顺境或逆境都不能成为消极被动的借口。

第三章

成败得失寸心知，进取不息

在人的一生中，心态总会受到各种不良因素的侵袭——自卑、嫉妒、欲望、固执等等，哪一种不良因素都可能毁了你的人生。因此，面对生活中的一切，善于及时调整心态让心理始终保持在一个良好的、积极的状态中，一切困难在你面前都会变得苍白无力。

01　勇气是帆，带我们走向成功的彼岸

勇气是你成功的催化剂，勇气是你生活的风帆，勇气是你战胜困难的法宝。如果你是弱者，你是自己最大的敌人；如果你是强者，你是自己最好的朋友。

当你有了过人的勇气，你就成功了一半。不仅要有勇气面对困境，还要有勇气将它战胜，这样你的人生就会很精彩。

埃及著名的文学家塔哈小时候患了眼疾，双目失明。他没有向命运屈服，而是迸发出了比平常人更大的勇气，他知道自己和别人不一样，只有靠耳朵和思想来认识这个世界。他对诗歌情有独钟，一听到别人朗诵诗歌，他就会强制自己将它背下来，有时也让他的家人为自己朗诵。他还非常喜欢倾听民间淳朴生动的语言，这为他以后的创作打下了坚实的基础。塔哈凭借自己的努力，考进了著名的埃及大学，而且在毕业的时候获得了学校授予的博士学位。塔哈靠着自己的勇气不仅让自己的生命过得很有意义，还写下了许多宏篇巨著，被人们誉为"阿拉伯文学之柱"。

如果你还为自己的碌碌无为寻找借口的话，那么你只是缺乏勇气罢了，勇气让我们直面困难，伴我们走向成功。

人生总要碰到逆境和顺境，真正的成功者都是从逆境中磨炼出来的，因此不惧怕逆境是一名成功者必须锻炼的能力，而这个时候，勇气就成了你前进道路上必不可少的动力。相反，如果你没有勇气去面对逆境，那你永远也不会成功。勇气也许能给你带来失败，但它也能给你带来常人无法享受的生活乐趣。

勇气能使成功者在逆境中享受到生活的乐趣，有勇气的人掌握着自己生活的风帆。当你对某些事情产生抗拒心理，认为你"绝不能"做好这

件事的时候，仔细地想一想，或许你会觉悟：是否应该勇敢冲破这些恐惧感，也许你会发现自己潜在的能力。在你需要它时，你可以理直气壮地宣告：我有勇气！在你非常心慌之际，你一字一字地宣告，表示"心志坚决"，尤其是在你意志动摇，对自己没有把握之时，它帮你站稳脚步、决不后退，即使那时恐惧已占据了你大半的心思。当你说"我有勇气"时，你是在表示一种意图，确定你的心中思想，勇气会带领你走你的路，并在你偏离正道之际，随时把你拽回来。

成功者都有一种强烈的欲望，那就是要把事情做好。他们认为取得成功是非常重要的，并且拼命去争取。他们不管自身的潜力大小，总是充分的加以发挥，拿出他们所有的勇气去面对和解决事情。

虽然勇敢地宣告不是件容易的事，但非常值得。你敢说出你的弱点，愿意敞开心胸接纳意见，接下去，勇气便开始取代恐惧的地位。在有意识的做抉择时，心中伴随而起的是快乐与释然。

如果你有信心而且怀着勇气行动，你就是以创造天赋在做赌注！那些拒绝改变生活、拒绝勇敢地行动的人，也是那些沉溺在赌桌上的人。一个不会拿自己当赌注的人一定没有勇气去赌其他的事物，正如一个懦弱的人从酒杯里去寻求勇气。如果你心中时刻不忘失败，不断地把自己想象的失败灌输给你的脑中枢，使它益发深刻生动，以至于你的潜意识也确认其为真，则你就会有失败的感受。相反的，若你脑子里一直有个积极目标，又一再生动地把这个目标向自己灌输，使它更加深刻清晰，并且把它看作一个已经实现的事实，你就会产生一种稳操胜算的心理：自信、勇往直前而且深信结果一定满意。你要知道，你自己就是英雄！

莎士比亚曾经充满激情地说："生存还是死去，这是一个问题。"似乎可以这样推论，人一生除了生死之外，似乎再没什么可以让我们能感到恐惧的了。因为对于任何人来说，死亡都难以拒绝。只要有能够克服恐慌的勇气，奇迹无处不在。

断 舍 离

近年来我国的沿海地区屡遭台风侵袭。在一次台风"格美"到来的时候,南方某省的一艘渔船不幸遇难。在船被巨大的风浪掀翻的那一刻,他们都以为自己会永远的离开世界了。但当他们清醒过来时,却发觉自己还活着。原来他们抓住了船上的一块浮木,正是这块浮木救了他们的命。在轮船的货舱里面,有一位妇女,漆黑的船舱使她惊恐万分。她以为自己从此就再也看不到她的孩子了,想着他们的脸庞,她的心都被撕裂,她靠着船舱一动不动。她抬起了头,她靠着船底透过的氧气知道船并没有沉落,这个意外使她让自己的心情慢慢平静了下来。而正在这时,她听到了外面的丈夫呼喊她的声音,她知道自己有救了。是她自己有克服恐慌的勇气,成功地救了她自己。她为自己创造了奇迹。

在我们身边,许多成功的人,并不一定是他比我们"会"做,更重要的是他比我们"敢"做。有句话说得好:如果您失去了金钱,失之甚少;如果您失去了朋友,失之甚多;如果您失去了勇气,失去一切。

林肯在他51岁的时候当选为美国总统,是美国历史上最伟大的总统之一。在早期他走的是一条曲折的路。他9岁的时候母亲去世,他尝尽了穷人吃的所有的苦头。生活的艰辛使他居无定所,食不饱腹,衣不裹体,幼小的心灵早已被恐慌所占据。为了改变生活,他开始经商,在他22岁的时候经商失败,而美国此时的环境使他坚定了从政的信心。接着他竞选州议员落选。竞选需要大量的费用,又不得不借钱经商,没想到会再次破产,他用了16年的时间才把债还清。接着再次竞选州议员赢了,生活渐渐有了起色。没想到在他即将结婚的时候,未婚妻死了。一连串的打击使他的精神完全崩溃,卧病在床6个月。这时的他早已不知恐慌是何物。在不断的竞选与落选之间,他一次又一次的坚定信心,鼓足勇气,终于在他51岁的时候当选美国最受人爱戴的总统。生下来就一无所有的林肯,终其一生都在面对失败。他曾绝望至极,但勇气给了他奇迹。

树的方向,由风决定;人的方向,由自己决定。人只要多一点用心与坚持,那成功就在不远处。若自己没信心、没勇气,那么自己就会踌躇不前,离成功就更远了。当你叹息的时候,不妨抬起脚步,勇气会助你成功。不断的挑战自我,为实现自己的梦想锲而不舍吧。

02　失败是垫脚石,
让我们站得更高行得更远

　　亨利年轻的时候,曾在伦敦创办一个销售塑料制品的工厂,当时他没有足够的资本创办这家工厂,所以他就和别人建立了合伙关系。事实证明这是一个正确的选择。然而,他却没有注意到他的成功,给其他塑料厂造成了多大威胁。而且在他不知道的情况下,一家塑料生产商买走了他合伙人的股份,并接收了这家塑料厂。当时他是怀揣蒙受耻辱的心离开了他那份以爱为出发点的工作。造成亨利失败的最大的原因在于,他忽略了以和谐的精神与他的合伙人合作,他常因一些小事和他们争吵,说话语气又过于暴躁,他的自私和骄傲自大,他在业务上不够小心,都是造成他失败的原因。

　　还好,失败的亨利没有一蹶不振,他认真总结吸取这次失败的教训,决定从头再来。他离开伦敦前往利物浦,在这里他又创办了一家塑料厂。为了要达到完全控制业务的目的,他必须激励其他只出资金但没有实权的合伙人共同努力。他同样必须谨慎地拟订他的营业计划,必须维护好和他们的关系,因为现在他只能依赖他自己的资源了。经过精心的管理和努力的打拼,不到一年的时间,亨利塑料制品的销售量,就比以往那些塑料制品多了两倍多。亨利的再成功正是因为他能够从失败中汲取教训,善于诊断失败的原因,从而加以改正、完善,直到获得成功。

　　失败驱除了自负,被谦恭取而代之,而谦恭可使你得到更和谐的人际关系。失败使你重新认识你在身心方面的资产和能力。失败借着使你接受更大挑战的机会,增加你的意志力。在成功与失败互换推动与转化中,你的人生将日益成熟与完美。你曾有过类似亨利那样的经历吗?如果有,那么,失败可怕吗?你害怕失败吗?失败和成功一样,是我们每个人生命中必然具备的一部分,失败只不过是暂时的挫折,它是通往成功大道的一级石阶。它告诉我们的是某些方法已经行不通了,而某些方法还没有试过——这就是希望!失败是一块人格的实验田,我们不该让沮丧、颓废的野草在里头疯长,正确的做法是播下希望的种子,用坚持的水来浇灌,挥动执著的铁铲将消极埋葬。

在克服失败的旅途中,我们不仅时时受到外界的压迫,而且还时时受到自身的挑战。很多时候,我们认为自己无法抵挡困难,其实不是被对手击倒的,而是先被自己打败了。

一位著名的跳高运动员在一次比赛中输给了一个名不见经传的选手。受上次的影响,从一开始他就产生了恐惧感,第二次的比赛中,他又输掉了,其实他知道并非技不如人。所以在第三次比赛前,他做了充分的准备,告诉自己一定可以凭借实力战胜对手。通过这种心理暗示,他成功地驱走了心中的阴影,消除了心理障碍,终于击败了对手。

奥格·曼狄若曾经说过,"无论我尝试了多少次,无论我在选定的事业中多么坚忍不拔,表现出色,无论我付出多大的代价,挫折与失败还会日复一日、年复一年地如影随形。我们每个人,即使是最坚毅、最具英雄气概的人,一生中的大部分时间都是在失败的恐惧中度过的。"

没有人生来就注定成功。李阳小时候是一个很内向的孩子,不敢见陌生人,有人来家里做客他就躲起来不见,更别提说话了。在他已经十几岁的时候,亲戚朋友都还没有见过他。父亲为了使他克服这种情况,总是逼他做他不愿意做的事。在他上大学的时候,英语特别的差,经常及格,不学又不行,实在被逼得走投无路的时候,不得不打起精神,每天早上都要学习英语。为此,他干脆跑到校园里的烈士亭上放开喉咙大声背诵英语，没想到这倒激发了他的灵感：这样做不仅能集中精力，还容易记住。他就这样喊了几个星期，居然喊出了信心。胆子也大了，他就去学校的英语角，说出来还像模像样的。以后只要有时间，李阳就像疯子似地天天在烈士亭上大声朗诵英语，不管刮风下雨，还是沙尘漫天。为了增加自己的胆量，他还把自己装扮得特别另类，在校园里声嘶力竭地说英语。不管别人怎么看他，依旧我行我素。终于他的英语成功了，他用英语给人们演讲，告诉他们怎样突破自我，怎样提高英语能力。尽管演讲让他紧张的直吐气，但还是获得了意想不到的成功！就这样，他的疯狂英语席卷了全国。他也成功地挑战并战胜了自己。

一个不敢于挑战自我的人，如果经受不住考验，就不可能成功。只有激起挑战生存困境的勇气和决心，才能战胜自我。瑞典著名化学家诺贝尔，被认为是"科学疯子"。诺贝尔一生致力于炸药的研究，共获得技术发明专利 355 项。诺贝尔在瑞典的时候，开始制造液体炸药硝化甘油。这样的大危险在这种炸药投产后不久得到了验证。工厂发生爆炸，诺贝尔最小的弟弟埃米尔和另外 4 人被炸死。由于危险太大，瑞典政府禁止重建这座工厂，被认为是"科学疯子"的诺贝尔，只好在湖面的一条船上进行实验。诺贝尔将火棉与硝化甘油混合，得到胶状物质，称为炸胶，比达纳炸药有着更强的爆炸力。1887 年，诺贝尔发明了无烟炸药。

我们愈不把失败当做一回事，失败就愈不能把我们怎么样。只要我们坚持下去，成功的可能性就愈大。美国著名电视节目主持人亚特·林克勒特说："我刚刚步入这个社会时所遭受的打击正是我后来事业成功的基础。"失败可以毁灭一个人，也能够成就一个人。对于意志坚定的人来说，失败恰好提供他最需要的意志，就是因为失败的教训，才把他推向成功。

包玉刚一条破船闯大海，当年曾引起不少人的嘲弄。他靠一条破船起家，经过无数次惊涛骇浪，渡过一个又一个难关，他抓住有利时机，不断发展壮大自己的事业,终于成为了世界上最大的私营船舶所有人,建起了自己的王国。许多伟人、成功企业家大都有过类似的经历,他们有的甚至认为,有没有这样的经历,是一个人能否有成就以及有多大成就的试金石。能否踏过坎坷,迈向光明,往往就在一念之间。

因此,我们要增强自己坚持下去的决心,因为每一次的失败都会增加下一次成功的机会。每个追求成功的人都是沿着"挫折——克服危机——再挫折——再克服危机"的模式前进的,失败的屠宰场不是命运的归宿。

03 坚信可能,预演成功

有一位老师,他带领的班级在学校所有的竞赛中总是名列前茅,有人向他取经,他走到黑板前写下两个大字"不能"。然后问全班同学:"我们该怎么办?"学生们马上高高兴兴地大声回答:"把'不'字擦掉。"是的,这就是答案了,擦掉"不"字,"不能"就变成"能"了。不仅仅是这些学生,即使我们也需要这样的教导,我们必须随时提醒自己,把"不"字去掉,只要"能",这就是我们获胜的秘诀。如果"不能"这个字在心中扎根,最终你会发现，即使是你擅长的事业，也会在激烈的竞争中败下阵来。

15 岁的男孩安泰在报上看到招聘启事上有一份适合他的工作，欣喜不已。第二天安泰准时前往应征地点时，发现应征队伍中已排了十几个男孩。如果换成一个认为"不能"的男孩，他可能会因此而转身离去。但是安泰却完全不一样。他认为自己需要这个工作，并且能够把它干好，那么接下来便是动脑筋，打败前面的应征者。他在一张纸上写了几行字，然后走到负责招聘的秘书面前，很有礼貌地说："小姐，请你尽快把这张便条交给老板，这件事很重要，谢谢你！"秘书不无欣赏的看着安泰，因为他看起来精神愉悦，文质彬彬。也许别人她可能不会放在心上，但是这个男孩不一样，她不愿意拒绝他，所以她立刻将这张纸交给了老板。纸条上面是这样写的："先生，我是排在最后的男孩。在见到我之前请不要做出任何决定。"结果，安泰成功了。

事实上，他没有理由不成功，虽然他年纪很小，但是他知道如何去想，有能力在短时间内抓住问题的核心，然后运用智慧解决它，并尽力做好。对于经营者来说，凡墨守成规、人云亦云的观念，都是扼杀商业竞争新思路的刽子手。经营者如果能在经营过程中改变传统思维，定能成就一番大事业。开发产品，经营企业，惟有不断地改变传统束缚，以特色创造与众不同的新形象和功能，鹤立鸡群，才能一直占领竞争的制高点。

一个公司总经理远赴香港参加一个经贸洽谈会，有朋友打来电话："想不想参观一下马桶？"听到这样的话，他特别生气，花费高额的参展费，难道只是来参观马桶的吗？可朋友告诉他，那些马桶全部是用黄金和珠宝铸造的！他非常吃惊，一股好奇心勃然而生，那非得看看不可了。在著名的"金至樽"金店里，金碧辉煌的"黄金珠宝洗手间"及文字说明非常招眼，上面的文字是这样的："采用宝石及珍珠共 6200 颗；黄金 380 公斤；地台用纯金条、万年化石铺成，可保健康；坐厕全自动冲洗及烘干；空气经过滤，永葆清新；以高科技及高技术精雕细琢；总价值 3800 万港币。"这个

断 舍 离

全世界最豪华的马桶,被列入了吉尼斯纪录,吸引了大量的中外游客慕名来此店开眼界。他们在好奇心得到满足的同时,不知不觉中又掏出钱包购买店内的金银首饰和各种纪念品,店老板也不亦乐乎地赚着大把大把的钞票。

在人们的常规思维中,金店是高雅之地,马桶乃污秽之物,二者无论如何也扯不到一起。可精明的老板却突破了常规思维:我就用黄金造个马桶让你瞧瞧,只要能把你吸引到我的店里来,"人旺就是财旺",不担心没人买我的商品。果不其然,游客们当初并不是冲着店内的金银首饰而去的,而是冲着马桶而去。可是顾客进去了,抵挡不住店内各种精美的金制品的诱惑,情不自禁地就买了店中许多的商品。这令我们不能不感叹:这样的老板,实在是太"精明"了,他想不赚钱都难!现在是一个竞争激烈的年代,要想取得成功,就必须突破固有的规则。

能够成就大事业的,永远是那些信任自己的见解的人;是敢于想人所不敢想,为人所不敢为,不怕孤立的人;是勇敢而有创造力的,做前人所未曾做的人;是那些勇于向规则挑战的人。但是,在现实生活中,我们有太多的人生活在一种被束缚、被阻碍、不良的环境之中;生活在一种足以泯灭热诚、丧失志气、分散精力、浪费时间的氛围中。最终志向会因没有成绩,失望之故而归于死亡。

铲除一切阻碍和束缚我们的东西,走进一个自由而和谐的环境中,这是事业成功的第一个准备。勇于突破自我的束缚,表现在工作上,就是要敢于向"不可能完成"的任务挑战!勇于向"不可能完成"的工作挑战的精神,是获得成功的基础。

职场中,很多人虽然颇有才学,具备种种获得老板赏识的能力,但是却有个致命弱点:缺乏挑战的勇气,只愿做职场中谨小慎微的"安全专家"。对不时出现的那些异常困难的工作,不敢主动发起"进攻",一躲再躲,这些人认为要想保住工作,就要保持熟悉的一切,对于那些颇有难度的事情，还是躲远一些好，否则，就有可能被撞得头破血流。到最后，也只能从事一些平庸的工作。一位老板描述自己心目中的理想员工时说："我们所急需的人才，是有奋斗进取精神，勇于向'不可能完成'的工作挑战的人。"具有讽刺意味的是，世界上到处都是谨小慎微、满足现状、惧怕未知与挑战的人，而勇于向"不可能完成"的工作挑战的员工，犹如稀有动物一样，始终供不应求，是人才市场上的最抢手的人。

如果我们是一个"安全专家"，不敢向不可能完成的工作挑战，那么，在与"职场勇士"的竞争中，永远不要奢望得到老板的垂青。当你羡慕那些有着优秀表现的同事，羡慕他们得到老板器重并被委以重任时，那么，你一定要明白，他们的成功绝不是偶然的。他们之所以成功，很大程度上取决于勇于挑战"不可能完成"的工作。正是秉持这一原则，他们不断力争上游，才能脱颖而出。

在工作中，渴望成功是我们每个人的心声。当一件看似"不可能完成"的艰难工作摆在我们面前时，不要抱着"避之惟恐不及"的态度，更不要花过多的时间去设想最糟糕的结局，不断重复"根本不能完成"的念头——这等于在预演失败。

04　执着进取，创造奇迹

她是一位世界纪录的创造者，她成功登上了日本的富士山，她的名字叫胡达·克鲁斯。

这些都不足为奇是吗？那么，如果你有幸活到75岁，你也能登上富士山吗？而胡达·克鲁斯的壮举却验证了这个事实。当别的年届70的老人，认为到了这个年纪可算是到了人生的尾声，并且开始安排后事时，她——胡达·克鲁斯，却在学习登山。因为她相信：一个人能做什么事不在于年龄的大小,而在于你是否力所能及和对这件事有什么样的看法。于是,在70岁高龄之际她开始接受登山训练,攀登上了几座世界上颇有名的山,最终以75岁高龄登上了日本的富士山,打破攀登此山年龄的最高纪录。

70岁开始学习登山,这不能不说是一大奇迹。但奇迹是人创造出来的。成功者的首要标志,是时刻都要保持进取心,用良好的心态对待问题,不怯于接受挑战和应对麻烦事,那他就成功了一半。一个人能否成功,完全取决于他的态度。成功者与失败者之间的差别是:成功者始终用最积极的心态来支配自己的人生。失败者则刚好相反,因为缺乏进取心,他们的人生是受过去的失败和疑虑所引导和支配的。他们徘徊在失败的阴影里,只能眼看着别人成功。我们不知道胡达克·鲁斯的近况,也不知道她年轻时的生活状况,但可以肯定的是她是长寿之星,而她的长寿秘密是她从来不把年龄当做逃避的借口的优良心态。

当青春一去不复返,眨眼间到了50多岁的时候,不是很多人会这么想吗:50岁的人了,还追求什么时尚呀?那些都是年轻人的事,这辈子就这样了。失去进取心同样会使你的生活失去色彩。每个人都有诸多的遗憾：比如想旅游的人有时间时没有钱，有钱时却又没有了时间；想创业的人有能力时没机会，有机会时却又没了能力；靠体力吃饭的人年轻时用健康换金钱，老了又用钱来买健康等等。但最大的悲哀莫过于心灵归于死寂，总是想：我年龄大了，已不属于这个时代了，不会有属于我的辉煌了！人到中年，最容易产生这样消极的想法，认为自己这辈子已经步入一个既定的轨道，不再有种种的年轻冲动和欲望，只要安分守己地走下去就行了。这种斗志和进取心的消失是最可怕的，它意味着你已习惯了自甘平庸与落魄。

曾听过这样一个故事：一个算命先生为一个人算他的将来，说这个人20多岁时诸多不顺，30多岁时虽多方努力仍一事无成，那人焦急地问："那40岁呢？"算命先生说："那时，你已经习惯了。"这是一个让人的内心猛然一震的故事，竟有种醍醐灌顶的感觉。而那些曾经努力过，但是没能成功而最终选择了放弃的人，有一种心疼的感受。经过生活一系列的磨难之后，难道我们真的要被迫接受一种无奈的现实，麻木不仁地走向人生的终点吗？"决不！"我们要在心里大声对自己说。经过这十几年的磨炼，你也许没有取得别人眼中的成功，但这并不意味着自己就完了，就必须放弃。也许你已经把年轻时的万丈雄心收起，知道自己只是一个普通人，只是在做着一些普通事。你的心境归于平和，但绝对不能趋于死寂，要像胡达·克鲁斯太太那样，设定一些自己力所能及的、切实可行的目标，让自己每时每刻都有一颗积极进取的心，尽力干好并享受自己手头的每一件事，执著地爬上属于自己的高峰。

想建立好心态，就不要轻易下结论否定自己。只要开始行动，就不会太晚；只要去做，就总有成功的可能。不要让年龄成为你逃避的借口，年龄只是一个数字，心境却是永恒。

布朗先生在建筑和工业界想要找一份工作。那时他还很年轻，没有工作经验,处处碰壁,工作根本没有着落。由于当时不景气,没有公司需要增聘工程或制图人员,就连经验丰富的老手也往往被解聘。他当时很气馁,但后来他决定自己来做。他从亲友那里借了1万美元,成立了一家小小的建筑承造公司。当时生意很不景气,想盖房子的人都不愿找一名没有经验又没名气的人来做。但这并没有打击他的信心,他下定决

心要干到底,决不退缩。凭着这份坚持和信念,他终于接到了几单生意。他的第一笔生意是承造一栋5000美元的房子。由于缺乏经验,估价不准,结果他赔了1500美元。但是,有了这次失败的经验,接下去的几桩生意便弥补了亏损。由于他时刻保持着进取的心态,终于渡过了一生中最大的难关。

因此,在争取成功的过程中,绝不能低估了进取心的重要性。当我们面对具有巨大威慑的山峰时,这种进取心就会让我们充满巨大的力量,敢于挑战最大的危险,敢于做别人不敢做的事。攀登者不仅敢于向可能性挑战,而且敢于向不可能性挑战,而这种挑战就是成功的进取心所驱动的。

布朗的成功经历,完美地诠释了进取心与成功之间的联系。

莫德克是美国棒球界历史上最伟大的投手之一。他从小就决心要成为棒球联盟的投手。可是上帝并没有因为他的决心就将幸福降临到他的头上。他小时候在农场做工时,不小心手被机器夹住,失去了右手食指的大部分,中指也受了重伤。对于一个投手,失去手指意味着什么。成为全棒球联盟最好的投手,在这个事件之前是也许有可能。可现在,手变成这样,这个愿望好像永远只能是梦想了。可是莫德克不这样想,他完全接受了这个不幸的事实,尽自己最大努力,学会用剩余的手指投球,终于成为地方球队的三垒手。有一天,莫德克从三垒传球到一垒,教练刚好站在一垒的正后方,看到旋转的快速球划着美妙的曲线进入一垒手的手套里,惊叹道:"莫德克,你是天才投手。球控制得太出色了,球速也快。那种会旋

转的球,任何击球手都会挥棒落空的。"莫德克投的球速度快,又有角度,上下飘浮,然后进入捕手手套的中央。击打者都束手无策。他的三振纪录和成功投球的次数都很了不起,不久便成为美国棒球界最佳投手之一。正是受伤的手指,也就是变短的食指和扭曲的中指,使球产生了如此与众不同的角度和旋转。莫德克之所以能成功地实现自己的梦想,正是靠着他永远进取的精神。

对于一个有进取心的人来说,即使屡遭失败也仍然十分努力。"成功的大小不是由这个人达到的人生高度衡量的,而是由他在成功路上克服障碍的数目来衡量的。"一些人缺乏努力进取的精神,是因为他们以为那样做会超出自己的能力。结果,他们就不再督促自己了。努力进取就是要求你付出百分之百的精力——无需更多,当然也不能少。如果你尽到了全力,你就可能抓住每一个成功的机会。

进取心是成功人士的一种精神,它能驱使一个人在不被吩咐应该做什么之前,就能积极主动地去做应该做的事。如果我们有足够的决心并付之于坚韧的努力,我们就一定会成功。要好好利用每一次机会向上爬,不要抱怨运气不佳。坚持不懈的人不会仅靠运气来取得成功。处境不利时,他们坚持工作,他们明白即使在最艰难的时刻也不能放弃努力。这是成功的关键所在。

05 纵是卑微的工作，以高贵的姿态成全

无论你正在从事什么样的工作,要想获得成功,就不要轻视自己的工作。工作本身没有高低贵贱之分。一个人所做的工作,是他人生态度的表现。一生的事业,就是他志向的体现,理想之所在。没有卑微的工作,只有卑微的工作态度。而工作的态度完全取决于我们自己。我们做的每

断 舍 离

一件事,都代表了我们的能力和形象,其成败美丑,都会影响人们对你的看法。对一个成功的人来说,工作就是使命。工作没有高低贵贱之分,在你看来最卑微的工作,也是为你服务的。它之所以存在,是因为人们需要它。莎士比亚说:"卑微的工作是用艰苦卓绝的精神忍受的,最低陋的事情往往指向最崇高的目标。"

胡桂萍原来是武汉市国棉三厂的一名女工,因为工厂效益不好,在她32岁的时候下岗了。离开工作了多年的工厂,心里像被掏空了一样。每天吃饭睡觉都不是滋味。一天,她上街买菜,看到一个提着木盒子的"擦鞋女",这吸引了她的目光,激发了她的灵感。她算了一下,要是开家专门的擦鞋店,收入倒挺可观。于是她买了擦鞋的用具,租房在武汉市办起了第一家室内擦鞋店。当时,擦鞋价格是2元钱一双,为了吸引顾客,她明码标价5角钱一双,顾客络绎不绝。每天都早早的就开门营业,她和另外4名员工一刻不停歇,一天下来要擦300多双皮鞋,有时忙得连吃饭、喝水的时间都没有。员工下班后,她一个人坚持到晚上9点多钟才拖着早已麻木的双腿、毫无知觉的双手回家。当有了一定积累后,她将小店重新装饰了一番,装上空调、饮水机,换上了体面、统一的椅子和鞋箱,贴上了价格表和服务公约,员工统一着装,礼貌服务,并在门面上挂出了"翰皇擦鞋店"的招牌。她说,她是把别人看不起的擦鞋生意做得富丽堂皇。后来,她与人合伙,投资30万元注册了"武汉翰皇一元擦鞋有限公司",自己担任董事长,并欢迎下岗职工加盟,不收加盟费、培训费,只要按"翰皇"的统一模式,规范经营就行。经过几年的飞速发展,翰皇擦鞋公司目前在全国已拥有了600多家连锁分店,全国各地近4000名下岗职工因此走上了再就业之路。她为解决当地的下岗工作带来的问题做出了很大贡献。

补鞋、擦鞋和拣垃圾,看起来似乎都是很卑微的工作,最低陋的事情,但他们通过努力,都实现了自己的目标。他们不只让自己摆脱了困难,还帮助了别人。他们应该成为所有正在做着"卑微"工作的人们的榜样。

对待工作的态度，某种程度上体现了人们的心态，记住这句话吧：工作无贵贱。工作卑微不代表就低人一等，你通过自己的努力奋斗同样可以获得让人羡慕的成绩。从卑微的小事做起，干别人不愿意干的事情。这不是说明你的卑微，而是证明了你的伟大。我国著名劳动模范时传祥老人是捡粪渣的，但他却受到了中央领导的亲切接见，那幅刘少奇同志和他握手的画面至今还让我们记忆犹新。台湾女作家杏林子说：现代社会，昂首阔步、趾高气扬的人比比皆是，然而有资格骄傲却不骄傲的人才是真正的高贵。

布克·T·华盛顿出生在弗吉尼亚的一个种植园里，母亲是厨子。他在阿拉巴马的土斯基格创建了世界著名的黑人教育中心。他不仅是黑人运动领袖，打碎奴隶制的枷锁，为他自己和他的种族带来希望和尊严，他还是一个伟大的教育家。他在当时提出关于发展黑人职业教育的思想，对促进美国黑人教育尤其是黑人职业教育的发展有很大影响。他注重实际，注重职业教育，认为黑人更重要的是学会生存的本领，他对美国教育的影响不可忽视，终于成为一位伟大的改革家和教育家。

他在回忆录里讲述了自己不惜任何代价确保受教育权利的决心。他在煤矿工作的时候，偶尔听到了弗吉尼亚汉普顿学院。他得知盐场和矿山的主人刘易斯·罗夫纳将军家里缺人干活，而他的太太对家里的女奴非常严厉。但他为了能受到教育，还是决定去服侍罗夫纳太太。于是，他便被以每月5元钱的价格雇下了。后来他通过了解罗夫纳太太的生活、性情，并努力做到不让她看到使她恶心的东西。为此，他付出了很多代价，一切的脏活、乱活他全做，终于取得了她的信任。罗夫纳太太允许他在部分日子用白天的时间去上一个小时的学，但他大部分时间都是在晚上学习。他下定决心要去汉普顿学习。历经过生活的困苦和饥饿，还有一切的劳累，终于到了他向往的学府。布克·T·华盛顿就这样从农奴开始了他的追求。

　　看看这些人的经历,试问,还有什么样的工作让我们感到卑微? 好岗位、好工作人人趋之若鹜,卑微琐碎的工作人人避之。如果你现在从事的是一种公认的卑微工作,短时间里也没有改变它的能力,那么,正确的办法应该是改变自己的心态,抱着一种化腐朽为神奇,化卑微为高尚的心态去做,会比抱着卑微的心态去做要强无数倍。因为,于人于己,前一种心态都会得出一种好的结果,会引起别人的尊重,后者则不能。作为员工,不要幼稚地认为,你对工作的轻视目光,会瞒得过老板的视线。老板们或许并不熟知每一份工作的细节,但是一位聪明而精明的老板很清楚,你轻视工作带来的结果是什么,从而明智地根据你的认真程度,来设定你的未来。可以肯定的是,老板赞许和赏识的,决不会落在手持工作耸肩撇嘴的员工身上。

　　查理是一家环保公司的清洁工,从进公司的第一天起,他就开始喋喋不休地抱怨,不是"清洁这活太脏了,瞧瞧我身上弄的",就是"真累呀,我简直要讨厌死这份工作了""凭我的本事,做清洁工这活太丢人了"。每天,查理都是在抱怨和不满的心情中度过。他认为自己在受煎熬,在像奴隶一样出苦力。因此,查理每时每刻都窥视着领班的眼神和举动,稍有空隙,他便偷懒耍滑,应付手中的工作。几年过去了,当时与查理一同进公司的三个工友,各自凭着自己的辛勤努力,都有了比较可观的收入。独有查理,仍旧在抱怨声中,做他蔑视的清洁工。

　　由此可见,无论你正在从事什么样的工作,要想获得成功,就不要轻视自己的工作。如果你也像查理那样,认为自己的劳动是卑贱的,鄙视厌恶自己的工作,对它投注"冷淡"的目光,那么,即使你正从事最不平凡的工作,你也不会有所成就。工作本身并没有贵贱之分,但是对于工作的态度却有高低之别。一个人所做的工作,是他人生态度的表现。一生的事业就是他志向的表示,理想的所在。

06 与时俱进，方能免遭淘汰出局

诗人泰戈尔说过，"当鸟翼系上了黄金时，就飞不起来了。"由此可见，放弃是一种清醒的选择，即使你有时候舍不得。

有这样一个故事：一匹毛驴幸运地得到了两堆草料，然而犹豫却毁了这个可怜的家伙。

它站在两堆草料中间，一会儿看看左边的草料，一会儿看看右边的草料，犹豫着不知先吃哪一堆才好。就这样，守着近在嘴边的食物，这匹毛驴却活活饿死了。多么可悲的下场！

威廉·惠德说："如果一个人面对着两件事犹豫不决，不知该先去做哪一件事情好，那么他最终将一事无成。他非但不会进步，反而会后退。惟有那些具有如恺撒一般的特性——先聪明地斟酌，再果断地决定，然后坚定不移地去行动的人，才能在任何事业上，都做出卓越的成绩来。"可见，在现代职场上，学会选择对一个人能否成功显得多么重要。

如果你现在已经在职场中打拼，却还不知道怎样选择，那有时比发现并追求一个机会更为重要，而只有成功的选择，才会有成功的人生。这个世界本来就是一个多变的世界，只有适合世界的变化而变化才能更好地生存。这是一条非常重要的生存法则。洛克西德·马丁公司董事长诺曼·奥古斯丁说："世界上只有两类企业：一类在不断进取，另一类被淘汰出局。"要么进取，要么出局，这是市场游戏的规则。时代的进步，就是要不断地淘汰那些跟不上时代的不适用的机器、陈腐的思想以及不适应时代发展的制度和方法。

要么进取，要么出局，对于一家企业如此，对于一台机器如此，对于一个人，更是如此。美国职业专家指出，现在职业周期越来越短，所有高薪

断 舍 离

者若不学习,无需 3 年就会变成低薪。就业竞争加剧是知识折旧的重要原因,据统计,美国 25 周岁以下的从业人员,职业更新周期是人均一年零五个月。当 10 个人中只有 1 个人拥有某种证书时,他的优势是明显的,而当 10 个人中已经有 9 个人拥有同一种证书,那么原有的优势便不复存在了。所以,你的选择也只有两种:要么进取,要么出局。

有些事业小有所成的人,对于实现目标,已不再像过去那样感到刺激和兴奋。努力的方向不再明确,产生了"刀枪入库,马放南山"的思想,那么他们的结果只有一个——出局。生活的目标是没有界限的,惟一的界限是继续前进还是停滞不前、甚至放弃,成败的关键在于是否坚持"向上爬"这一信念。凡在事业上取得成功的人,无不是抱着"努力进取"的信念奋力前进的人。他们达到一个目标后,又接着设定下一个新目标,再度接受挑战,完成这个目标。过去的梦想实现后,又抱着新的梦想,向更大、更能专心投入的目标努力迈进。他们对生活、工作和获得成功永远能感受到相同的喜悦,始终保持旺盛的斗志,精力充沛、日新月异地昂首向前,不论在任何时刻都不会丧失热情和创造力。

对他们来说,"目标都已达到"这种情况是不存在的,换句话说,他们无时无刻不在为自己新的目标不懈奋斗。

绿色环保有限公司第一次入市竞争成功,而后建立了废旧物资分类站,公开与社会竞争到现在,他们的奋斗目标是一年一个台阶,一步一个脚印。当然,这期间既有成功的喜悦,也有失利的困惑,但不论成功与否,都没能动摇和改变职工与时俱进、锐意进取的决心。在刚入市时,有些人也曾顾虑过,"我们环保企业参与市场竞争是不是有不务正业之嫌?"也有人为此而担心,"我们能不能竞争过人家?"有些职工在步入激励竞争的商海后,面对压力、困难和其他个别商户的发难,也曾流淌过委屈的眼泪,但这些压力、困难和委屈,并没有给他们带来胆怯和退缩,环卫职工不怕吃苦、不怕困难的奋斗精神,迎难而上,知难而进,以高素质、高质量、高效率的服务赢得了商家和社会的好评。通过竞争,拓宽了就业、创收渠道,解决安置了职工上百人,年创收 100 多万元。通过竞争的实践,绿色环保的职工经受了困难与挫折的考验,更加明确了"要么进取,要么出局"的道理。通过竞争的实践,大大增强了职工的拼搏精神和勇往直前、再创辉煌的智慧与胆魄。

对于一个员工来说,更要认识到"要么进取,要么出局"的道理。衣服、车子、房子……一切事物随着岁月的流逝都会不断折旧,但是,你有没有想过,你赖以生存的知识、技能也一样会折旧。在风云变幻的职场中,脚步迟缓的人瞬间就会被甩到后面。所以,未来的社会只有两种人:一种是不满足于现状,努力进取的人,这种人将是时代的宠儿;另一种则是安于现状的人,终将被时代所抛弃。所以,你的选择也只有两种——要么进取,要么出局。

07　言之空空,改变处境要靠行动

有个落魄的年轻人每隔两天就要到教堂祈祷,而且他的祷告词几乎每次都相同。第一次他到教堂时,跪在坛前,虔诚地低语:"上帝啊,请念在我多年来敬畏您的份上,让我中一次彩票吧!阿门。"几天后,他又垂头丧气地来到教堂,同样跪着祈祷,"上帝啊,求您让我中一次彩票吧!我愿意更谦卑地来服侍您,阿门。"又过了几天,他再次出现在教堂,同样重复他的祈祷。如此周而复始,不间断地祈求着。到了最后一次,他跪着,"我的上帝,为何您不垂听我的祈求?让我中彩票吧!只要一次,让我解决所有困难,我愿终身奉献,专心侍奉您……"就在这时,圣坛上空传来一阵宏伟庄严的声音,"我一直垂听你的祷告。可是,最起码,你老兄也该先去买一张彩票吧!"

断 舍 离

你曾想过要中一次彩票吗？光去乞求是不对的。一味地说，不如一次地付出行动，努力去做。

有一个在保险公司上班的员工，他被公司开除了。因为他对公司的规章制度牢骚满腹，怨声载道。连老板也成为他批评的对象。这个员工向别人摆了一大堆理由、事实、材料，还附带着时间和地点，说得有鼻子有眼的，其实这都是因不满、抱怨而产生的一系列借口而已。

很快，人们就看到麻烦出现了，不是公司有了麻烦，而是那个员工。他对一些微不足道的事耿耿于怀，他终于做得太离谱了，失去了在保险公司上班的机会。公司并不是完美无缺的，老板和其他的员工都愿意承认这一点，但是，公司有着某些优势，而且它也依赖这些优势，不管员工们是否利用了这些优势。因此，作为一名员工，就要抓住现有的好处，自己尽力做到最好。如果一个地方不好，那么你平时就要努力去做，给别人树立榜样，让它变得好起来，而不是一味地不满、抱怨。你可以诚恳地、平静地告诉他，或者提出自己的建议，让他知道改进的方式，还可以把这些问题揽过来，悄悄地解决它。如果你非要抱怨、辱骂、诅咒和没完没了地贬损，那么你为什么不辞职呢？当你身处局外时，就可以尽情地发泄了。要知道，如果你为别人工作，就不能三心二意，不能阳奉阴违。如果不能全心全意，就不如干脆不干，一味地抱怨不满可能割断了自己与这个公司联系起来的纽带。当有一天你被连根拔起，无所依附时，你甚至还不知道是怎么一回事。那封解雇信上只会说"合同到期了，很抱歉，我们没有足够的职位"等等。

还有的人面对自己的窘境，会一味地抱怨自己的出身不好，家庭不好，命运不好。可是，要知道，贫困不是我们的错，然而对其所取的态度却取决于我们自身。"自知者，不怨人，知命者，不怨天，怨人者穷，怨天者无志"。古人这么简单的几句话已经把道理说得很明白了。孟子说的更直接，"天将降大任于斯人也，必先苦其心志，劳其筋骨。"我们为什么不能把贫困当做是对自己的一种磨砺呢？一旦对生活的态度发生改变，生活处境也会随之改变。增强信念，丰富自己的知识，让自己置身于更优越的环境，就能获得更多的机会。我们可以发现那些失业的人们，他们牢骚满腹，怨天尤人、愤愤不平、寻找借口。自己没有多大的本事，却老是抱怨别人，对老板和公司极其不满。

什么是正确的工作态度？不抱怨，对自己不留任何借口，做自己分内的事，尽全力而为之，才是对工作应该有的态度。

08　自信自重，方能自强不息

小吉的父亲病重卧床时，小吉只有 11 岁，他不得不继承父业，在乡村当制面条工。这个少年要奉养他的双亲、六个兄弟和三个姊妹。他接替了父亲所有的工作，除了每天夜里加工面条外，还必须在第二天把面条卖出去。几年下来，他的这项家庭产业已经远近闻名，这证明他不仅是一个能干的生产者，还是一位优秀的销售员。

他在 20 岁时爱上了一位官员的女儿。这个年轻人深知他未来的岳父不会乐于让自己的女儿同一个制面条的工人结婚。因此，他就激励自己要改变地位，要和对方的身份相称。

像世界上许多取得了成就的人一样，小吉不断地寻求能够帮助他从事新活动的特殊知识。他像一个孩子初入学校一样渴望新知识，因而他走进了大学课堂。他谦虚好学的态度赢得了教授的好感，两个人的交往延伸到了课堂之外。在一次闲聊中，教授告诉他了一种从未被证实过的关于珍珠的由来的理论。这位教授说："当外界的一种物体，例如一粒沙子，粘到牡蛎的体内时，如果这个物体不杀死牡蛎，牡蛎就以一种分泌物包住这个物体，这种分泌物就在牡蛎的壳内形成珍珠母。"

断 舍 离

吉的热血沸腾起来了！他立即向教授提出一个问题,"如果我饲养牡蛎,然后精细地放一个微小的外界物体到牡蛎的体内,会长出珍珠吗?"教授鼓励他不妨试试。他简直迫不及待地要获取这个问题的答案。他首先根据向那位大学教授学到的知识去进行观察,然后应用他的想象力并进行创造性的思考,他认定如果所有的珍珠仅仅是当外界物体进入牡蛎体内时才能形成,他就能使用这一自然定律发展珍珠生产。他能把外界物体置于牡蛎体内,迫使牡蛎生产珍珠。小吉有了这种愿意尝试的积极心态,并且养成了把自己的想法转变成现实的好习惯,成了位实干家。终于,他改换了他的职业,变成了一位珍珠商。同时,他也拥有了渴望的爱情。

没有人否认小吉是成功的男人,是他乐于尝试的好心态成就了他。他用自己的行动为所有人演绎了成功原则:让所学到的知识发挥作用。因为知识本身不能使你成功,但是应用知识可以给你带来成功。小吉成功的另一个原因是他重视自己。他没有因为自己是卖面条的而自卑,没有在生活的重压下自暴自弃。一个人要想获得别人的重视,首先要对自己重视,这是人人共知的道理。但有些人虽然从容貌、地位上并不比别人差,但却总是自我轻贱,认为自己什么都不行,对别人的呼来喝去也听之任之,不加反驳,整天不敢抬头看人,好像欠了钱、犯了罪一样,越是这样,别人就越欺负他，他也越来越不自信，越来越看不起自己，到头来事事无成。反之有些人虽然衣衫褴褛，貌不惊人，却因不轻视自己而取得成功。

在美国费城大街，来往的人们早晚间常会看到有一个衣着不甚光鲜的青年在徘徊，他目光幽深，惹人注目。有的人感到很好奇，就问："你这样整天走来走去在忙些什么？"他带着几分自信回答，"我想找寻一份职业啊！"他的回答不但没有引起别人的注意，反而被许多人耻笑，笑他一个像乞丐似的人还想要找工作，认为他也只配找要饭的工作。面对别人鄙视的目光，他并不灰心，他相信自己能行。终于有一天，他走进富商鲍罗杰的办公室，请求他牺牲一分钟的时间和自己谈话。鲍罗杰对这位外衣不整洁，极度窘困的怪客感到异常惊奇，想要拒绝，但青年眼光中流露出的睿智与真诚触动了富商。富商犹豫片刻，出于好奇和同情答应了他的要求，但只答应说一两句话。可谁也没想到，正是这一两句话，改变了青年的生活。他们谈了 20 句、30 句，时间也从 1 分钟到 10 分钟、15 分钟直到 2 个小时，他们谈的十分投机、热烈，许多问题都不谋而合。最后，富商请青年留下用午餐，答应给他一个很好的职位，并说只要他肯努力，还要给他高薪。

故事虽然带有传奇性，但它却告诉我们：成功的关键是重视自己，认识自己的价值所在。具有一定社会地位只是受到别人尊重的外因，要想真正赢得外人的重视，首要条件是不看轻自己，相信自己一定能行。只有这样才能在机会到来时及时抓住它，为成功铺路架桥。小吉和青年的成功也不外乎他们拥有这样的好心态。

09　掌控时机，依靠努力和坚持

纽约两位 63 岁的老夫人菲莉西亚和莫莉都喜欢步行，每天她们分别

断 舍 离

从自己的家里步行到城南的老年活动中心,菲莉西亚每天走45分钟,莫莉每天走1个小时。活动中心的其他老年人都对她们钦佩不已,曾建议她们坐车或坐地铁,但她们风趣地回答:她们每天都太急于见到老朋友了,以至于实在没有耐心去等汽车送她们到中心来。于是又有人开玩笑说:你们合起来走的路,可以绕美国一圈了。这句话提醒了菲莉西亚,她兴奋地对莫莉说:住在迈阿密的女儿生了双胞胎,自己正准备去看女儿和外孙,作为送给外孙的见面礼,她决定步行到迈阿密。

莫莉开始说菲莉西亚"疯了",但转过念来又不无羡慕地说:"如果我也有那么可爱的外孙,即使他们住在中国,我也会走着去看他们。"就这样,菲莉西亚坚定而愉快的身影出现在了纽约到迈阿密市的公路上。当她拒绝任何帮助到达迈阿密以后,一些记者采访了她,问她是如何鼓起勇气步行到迈阿密的。菲莉西亚夫人答道:"如果你有健全的双腿,并且可以行走,那么,走一步路是不需要鼓起勇气的。真的,我所做的一切就是这样。我只是走了一步,接着再走一步,然后再一步,一步一步地,我就到了这里。"

是的,你必须迈出第一步,然后一步一步走下去。否则,不论你花多少时间思考和学习,都不会有所收益,因为确立目标容易,难的是采取行动。任何事只有动起来,才会有成功的希望,俗话说:"不怕慢,就怕站。"无论什么事情,只有做才知道成与不成,而只要做,几乎没有什么不可能。

消极的人等待机会,积极的人创造机会。有些人成功靠埋头苦干;有些人成功靠一时的幸运;有些人成功靠千载难逢的机会,但有些人具备了这些却仍然与成功无缘,这是为什么呢?

很早以前,伟大的棒球手泰卡普在世界棒球锦标赛中,一口气打出四个全垒打,目前他仍是这项世界纪录的保持者。后来他把那支球棒送给他的一位朋友。有一天,他朋友的朋友来做客,有幸拿起这支球棒,并以极为敬畏的心情摆出正式球赛挥棒的姿态,力图模仿他,当然那种打击的

样子绝对无法与泰卡普相提并论。不出所料，另一位职业棒球联盟的队员对他说："老兄，泰卡普可不是这种样子打球的，你太紧张了，一心想打出全垒最美的姿势，结果一定是惨遭三败出局的命运。"的确，看过泰卡普比赛的人都知道，泰卡普轻松自若地在场上挥棒的姿势，绝对是美不胜收，他的人与球棒自然地结合为一体，以充满韵律的动作，诠释了从容的内涵，令人震惊，那真称得上是世界上最美的舞蹈！

一位棒球队的监督曾说过这样的话："不论选手的打击率多高、守备多强、跑垒速度多快，如果他心中存有过于强烈的紧张感，我就会考虑淘汰他。因为，若要成为大联盟的选手，本身必须有相当的能耐，每一个动作不但要正确，更要以从容轻松的心情控制肌肉的运动，这样所有的肌肉与细胞才会富有韵律与弹性，在瞬间而发的关键时刻，才可以随心所欲地接球或挥棒。如果心里非常紧张、无法镇定下来，连带着全身的肌肉也一定随之绷紧，一旦遇到重大场面，根本无法顺利地完成应有的动作。当对方的球抛过来时，他的全部神经已经为之紧缩，又怎么能打好棒球呢？"

他的一席话不仅仅是针对运动员而言，凡是优秀的人，如果都能以积极而从容的心态进行工作，他们的坚定和自信会不知不觉地调动起自身最大的潜能，并与工作融为一体。当然并不是人人都有泰卡普那样的幸运和机会，但是不要忘记：消极的人等待机会，而积极的人则创造机会。

断 舍 离

消极懦弱者常常用没有机会来原谅自己。其实,生活中到处充满着机会!学校的每一门课程,报纸的每一篇文章,每一个客人,每一次演说,每一项贸易,全都是机会。这些机会带来朋友,培养品格,制造成功。对你的能力和荣誉的每一次考验都是宝贵的机会,没有谁在他的一生中,运气一次也不降临。但是,当运气发现你不具备接待它的条件的时候,它就会从门口进从窗口出了。你和它擦肩而过,是你自己没有把握住。

年轻的医生经过长期的学习和研究,碰到了第一次复杂的手术。主治医生不在,时间又非常紧迫,病人处在生死关头。他能否经得起考验,他能否代替主治大夫的位置和工作? 机会和他面面相对。他是否敢拿稳手术刀自信地走向手术台,走上幸运和荣誉的道路? 这都要他自己做出回答。对重大的时机你做过准备吗? 除非你做好准备,否则,在机会面前你只会错过。

拿破仑问那些被派去探测死亡之路的工程技术人员:"从这条路走过去可能吗?""也许吧。"回答是不敢肯定的,"它在可能的边缘上。""那么,前进!"拿破仑不理会工程人员讲的困难,下了决心。出发前,所有的士兵和装备都经过严格细心的检查。开口的鞋、有洞的袜子、破旧的衣服、坏了的武器,都马上修补和更换。一切准备就绪,然后部队才前进。统帅胜券在握的精神鼓舞着战士们。战士们皮带上的闪烁光芒，出现在阿尔卑斯山高高的陡壁上，闪现在高山的云雾中。每当军队遇到意料不到的难的时候，雄壮的冲锋号就会响彻云霄。尽管在这危险的攀登中到处充满了障碍，但是他们一点不乱，也没有一个人掉队！四天之后，这支部队就突然出现在意大利平原上了。

当这"不可能"的事情完成之后，其他人才意识到，这件事其实是早就可以办到的。许多统帅都具备必要的设备、工具和强壮的士兵，但是他们缺少毅力和决心、缺少尝试的勇气和信心，缺少好心态。而拿破仑不怕困难，在前进中准确地抓住了自己的时机。

善于为自己找托辞的人把失败归于没有机会，但无数成功的事例告诉我们：机会掌握在自己手中。只要义无返顾地遵从自己的心，勇于创造机会，从容面对挑战，你就会像那些屹立在阿尔卑斯山上的士兵一样，傲然屹立于自己的人生顶峰。

10　改变心态，做最好的自己

有资料表明，世界上 85% 的人并不喜欢自己的工作，他们仅仅是为了穿衣吃饭、养家糊口，又没有选择新工作的机会，这时候许多人只是抱着应付的态度。

我们先来听一个美国作家威·莱·菲尔普斯的故事。在一个阳光明媚的下午，这位作家去逛纽约的第五大道，突然想起来自己的袜子划破了，需要买双新的短袜。至于买一双什么样的，作家觉得那是无关紧要的。他看到第一家袜子店就走了进去，一个年纪不到 18 岁的少年店员迎面向他走来，询问道："您好先生，您要什么？""我想买双短袜。"作家看到这位少年眼睛闪着光芒，话语里含着激情。"您是否知道您走进了世界上最好的袜店?"作家一愣,发觉自己从来就没有思考过这个问题,因为他的需求仅仅是一双短袜,走进这家商店纯粹就是一种偶然。少年从一个个货架上拉出一只只盒子,把里面的袜子展现在作家的面前,让他鉴赏。"等等,小伙子,我只要买一双!"作家有意提醒他。"这我知道,"少年不慌不忙地说,"不过,我想让您看看这些袜子有多美、多漂亮,真是好看极了!"少年的脸上洋溢着庄严而神圣的喜悦,像是在向作家启示他所信奉的宗教的玄理。作家立刻对这个少年产生了兴趣与好感,把买袜子的事情置之脑后。作家略微犹豫了一下,然后对那个少年说:"我的朋友,如果你能一直保持这样的热情,如果这份热情不只是因为你感到惊奇,或因为得到了一个新的工作或是因为见到了一个看似想买袜子的人——如果你能天天如此,把这种热心和激情保持下去,不到十年,你会成为美国的短袜大王。"

大多数人都是应付工作的,除了工作的前几天能够给他们带来从未经历过的新鲜感觉之外,他们可能从来就没有用满怀激情的心工作过。尤其像这种卖袜子的职业,更是让大多数人嗤之以鼻,更别提产生什么长久的关注与热情了。但是可怜的是,你做工作连起码的情趣都失去了,还怎么可能有所成就呢?

罗素说过:"在现实生活中,建设性劳动的快乐是少数人特有的享受,然而这少数人的具体数字并不少。任何人,只要他是自己工作的主人,他就能够感受到这一点。其他所有认为自己工作有益且需要相当技巧的人均有同感。没有了自尊就不可能有真正的幸福,而对自己工作引以为耻的人是没有自尊可言的。"

当事情没有选择、无法改变时,至少还有一点可以选择:改变心态,选择自己是去投入地享受还是被动地受折磨。任何人都清楚两者的价值差异,价值产生信心,信心产生热忱,而热忱则能征服世界。

我们在生活中,都有可能被命运给予一些自己本来不希望拥有的东西，这时我们需要选择的就是享受它还是被它所累。人人都希望命运给自己的是黄金和钻石，但是命运恰恰给了我们一个柠檬。怎么办？大多数人会说："我完了，这就是命运，我连一点机会都没有了。"然后，就开始诅咒这个世界，甚至可能把这个仅有的柠檬也给抛弃了。美国芝加哥大学的罗勃·梅南校长在谈到如何获得快乐的时候曾经如此说过，"我一直尝试着遵照一个小小的忠告去做我的事情，这是已故的西尔斯公司董事长裘利斯·罗山告诉我的，他说，'如果有个柠檬的话就想一想如何做柠檬水。'"

住在美国佛吉尼亚州的一个农夫，出巨资买下了一片农场之后突然发现自己上当了，因为这块地糟糕得既不能种水果、蔬菜，也不能养猪、养鸡。这里能够存活的只有白杨树和响尾蛇。在一番沮丧和悔悟之后，他意识到了一点，要把这块坡地的价值利用起来——那些响尾蛇是关键。他的做法令每个人都很吃惊，因为他居然做起了响尾蛇罐头。

几年后，他的生意已经遍地开花，每年到他农场来参观的人达到几万人次。除了把响尾蛇的肉做成罐头进行销售以外，他又把从响尾蛇中取出的蛇毒，运送到各大药厂去做蛇毒的血清，把响尾蛇的皮以很高的价钱卖给厂商做鞋子和皮包。由于他独到的眼光和天才般的贡献，他所在的村子现在已经改名为响尾蛇村了。

威廉波里索曾经忠告世人："生命中最重要的一件事情，就是不要拿你的收入来当资本。任何傻子都会这样做，但真正重要的是要从你的损失中获利。这就必须有才智才行，也正是这一点决定了傻子和聪明人之间的区别。"大多数人不幸被威廉波里索言中，根本没有想过如何从损失中创造性地获得利润。事实上，我们也许并不缺乏把不利因素化为有利因素的能力，缺的是心态。我们把大部分的时间都耗费在无聊的痛苦上，反而舍不得花点脑力，想个办法来研究柠檬的特性，所以我们从来都不曾做出一杯柠檬水，更谈不上成功。

万事俱备,只欠东风。只是一种美好的想象而已。任何时候,我们都不太容易具备完全理想的条件和资源,惟一能够抓住并有效利用的就是手上可供支配的这些资源,无论是金银珠宝还是废铜烂铁,不要气馁,不要埋怨,不要随手将它们抛弃,它们也许就是你走向成功的最原始的支点。

尼采对超人的定义是:"不仅是在必要的情况下忍受一切,而且还要喜欢这种情况。"从无数成功者的历程中可以看到:他们刚开始的起步条件并不比我们优越多少,甚至还不如我们,他们所不同的是没有在痛苦、抱怨中沉沦,而是用积极的心态暗示自己:我还有机会。于是充分利用现有的这点资源努力进取,甚至把缺陷也做成了"特点",慢慢地,他们也就创造、积累了更多、更好的新资源。

福斯狄克说过,"快乐大部分并不是享受,而是胜利。"是的,这种胜利来自于一种得意,一种热情,一种成就感,也来自于我们能把柠檬做成柠檬水。当命运交给我们一个柠檬的时候,就让我们用热情做榨汁机,为自己也为更多的人,试着去做出一杯柠檬水!

11 敢于冒险,摘取那意想不到的收获

不怕一万,就怕万一,凡事三思而后行,谋定而后动是没错的。但你知道吗?无论你自认为谋划得多么周密详尽,风险总会不期而至的。

有一年春天,有人问一个瘦弱的农夫,"你是不是种了麦子?"农夫回答:"没有,我担心天下不下雨。"那个人又问:"那你种了棉花了吗?"农夫说:"没有,我担心虫子吃了棉花。"于是那个人又问:"那你种了什么?"农夫说:"什么也没种。我不去冒险,我要确保安全。"

不愿意冒风险的人,他们不敢笑,因为要冒显得愚蠢的险;他们不敢

哭，因为要冒显得多愁善感的险；他们不敢向他人伸出援助之手，因为要冒被牵连的风险；他们不敢暴露感情，因为要冒露出真实面目的风险；他们不敢爱，因为要冒不被爱的风险；他们不敢希望，因为要冒失望的风险；他们不敢尝试，因为要冒失败的风险……一个不冒任何风险的人，只有什么也不做，就像那个农夫一样，春天不敢播种，到了秋天，只能眼睁睁地看着别人收获，自己却两手空空。他们回避挫折和风险，于是他们错过了很多：大笑后会心情舒畅，痛哭后往往雨过天晴，帮助人后心灵会变得高尚，暴露感情后心底坦荡，爱过后才知道什么是喜怒哀乐，希望后才能体会到梦想成真的快乐，尝试后才明白原来生活如此丰富多彩。他们被自己的消极心态所捆绑，就如同丧失了自由的奴隶。

我们必须学会冒险，因为生活中最大的危险就是不冒任何风险。鸵鸟在遇到危险的时候把自己的头埋在沙土中以获得心里上的解脱。我们成年之后，虽然知道好多事情不能逃避，必须要坚强面对，要冒风险，但还是在心底存留着那种逃避和找寻安慰的想法。其实，困惑和风险也是欺软怕硬的，你强他就弱，你弱他就强。我们要时刻记得，最困苦的时候，没有时间去流泪；最危险的时候，没有时间去犹豫。优柔寡断就意味着失败和死亡。不要忘记，承受风险的良好心态与抵御能力都是在这种充满风险的生活中磨练出来的。

可以毫不夸张地说，风险是无处不在的。一个人可能在事业上遭遇风险，可能在爱情上遭遇风险，也可能在旅游度假时遭遇风险。大多数人一生主要的生活都不是在假期中度过的，但是人们总是会强调、会幻想假期多么重要、多么美好，尤其是相当一部分男性都希望有一个惊险刺激的假期。他们计划着也期待着这样的假期，好像那是他们一生当中惟一值得真正为它而活的时光。他们将最大的期望放在这个假期上，认为这几天的欢乐能补偿一年来的苦闷与日常生活的乏味。假期的快乐就是生活中惟一的快乐吗？日常生活中难道就没有快乐吗？假期只是生活中的一小部分。大部分人都是花上一个星期或两个星期在假期上,其他时间还是以日常事务为主。结果花 50 个星期去殷切期待仅有两个星期的精彩活动,难怪他们多数时候要觉得沮丧了。更重要的是,当你的心思都放在未来的兴奋计划中时,你的头脑中就装不下现在的事物了。无法全神贯注此时此刻,发掘日常生活中随处可见的快乐,反而会将焦点集中在未来,而且只有短短的几天。这不是丢了西瓜捡芝麻吗?

过高的期望可能会带来极大的失望。有这样一对夫妇,丈夫希望带孩子参加探险旅游,以锻炼勇气,但妻子怕孩子受伤,硬是强迫他们陪自己到海边玩,并详细地做了计划。在妻子的脑海中,把这个假期设想得很完美,以为一定是精彩得足以弥补丈夫和孩子的遗憾。她幻想着孩子会在沙滩上欢笑,感谢父母带给她们的欢乐时光。但结果妻子脑中的奇思妙想都被真实发生的事破坏了。他们住的是一间小小的房间,好久以来他们全家都没像这样挤成一团了。两个孩子比平时更爱斗嘴,也不赞成大人们选择的玩的方式,夫妻俩进退两难。海滩非常拥挤,游泳池也一样,太阳炙热烤人。这时妻子开始悔悟:一个人满意三个人不满意的假期和三个人满意一个人不满意的假期相比,她肯定选错了度假方式。总而言之,当一家人回到家中时,发现家中的空间更大,玩得更开心。

举这个例子并不是说没有冒险的度假不好,或是人不该期望假期等等,相信大多数假期都是非常精彩的。只是和纯粹休闲的度假相比,过有探险内容的假期会获得更丰富的经验与感受。如果在大部分的时间中总是不快乐或有压力,最好的解决之道就是尽快去制定你的冒险计划,等你真正去度假时既可以尽情地享受冒险之后的快乐,又可以帮助你很快从不如意的生活中摆脱出来。只要怀着勇敢的心,只要你能谨记:"冒险会使我的生活丰富多彩",就随时都可以挑战风险,随时能从平凡的生活中焕发出不平凡的光彩。事实证明,无论在事业上还是假日生活上,不怕冒险才能成为榜样。

110

12 专注投入，成功不请自来

曾经有个伟人说，一个人的一生只能做好一件事。可是，并不是任何人的一生都能做好一件事，这里边固然有诸如才智、环境、机遇等方面的因素，但主要还是缺少对所追求事物的投入。

专注是"语不惊人死不休"的豪情，是"为伊消得人憔悴"的投入，是"十年磨一剑"的等待。所以，荀子在《劝学》中说："锲而舍之，朽木不折；锲而不舍，金石可镂。"古今成大事者，大抵都具有这份执著的精神。一个专注者往往默默无闻，普通得如田野里耕作的农人和车间里生产的工人，谦卑得如郊外的草树，如山谷里不为人知的流水。但是，他们有一个共同的特点，就是对自己所追求的事业具有献身精神，能够把自己的时间和精力都投入其中。

这里，不能不提到一个人——梁实秋。他用断断续续30余年的时间独自完成了《莎士比亚全集》的翻译工作，投入了几乎半生的精力。开始，梁实秋共物色了五个人担任翻译，他和闻一多、徐志摩、陈西滢、叶公超，计划5~10年完成。后来，另外四人临阵退出，梁实秋便一个人把任务承担下来。人生的遭遇是任何人都难以预料的，他在抗战爆发前完成八部莎翁剧作的翻译工作。"七七事变"后，为了躲避日寇的通缉，他不得不逃离北京，在极其艰苦的环境下，继续进行对莎翁剧作的翻译。抗战胜利后，梁实秋回到北京，在北京师范大学任教，课余之暇，他依然坚持莎翁剧作翻译工作。1967年，由梁实秋独立翻译的莎士比亚37种作品的中文译本全部出齐，在国内大学界引起了轰动。

梁实秋回忆说："我翻译莎氏，没有什么报酬可言，穷年累月，兀兀不休，其间也很少得到鼓励……"梁实秋的成功，得益于他对这一工作的执著精神,得益于他一心一意的投入。

任何事情都需要投入,要想成就大事就更是要锲而不舍地投入。成功做事需要投入,学习本领同样需要投入。古今中外的许多名人成才的例子,都可以说明这一点。

王献之幼年随父王羲之学书法时,就立有大志,要像父亲那样勤学苦练,成为大书法家。他每每见到古人的书法名迹,总要手不释卷,细心观看,待到把它的字体特征,笔画形态以及结构布局等方面有个通盘的考虑后,再动手下笔,临写数十遍,直到心领神会为止。到了十四五岁时,他的书法已写得别有意趣。但是离父亲的水平还相差很远。

有一天,王献之走进父亲的书房问父亲,希望父亲能告诉他写字的秘诀。王羲之听后,就领着王献之来到后院,指着18口大缸对儿子说:"写字的秘诀就在这18缸水里,你只要把这18缸里的水写完了,自然就知道。"王献之听了父亲的教导后,再也不敢偷懒贪图捷径了,而是夜以继日,脚踏实地地练习。

有一次,王羲之为了想试试儿子的功力,就从背后出其不意地拔他的笔,竟没有拔动,于是感叹道:"这孩子前途无量啊!"在王羲之的谆谆教诲之下,王献之真的写完了18缸水,进一步改变了当时的古拙书风,对后世产生了很大的影响。他的书法兼精诸体,尤以行草擅名。他运笔英俊豪迈,饶有气势,在书法史上与其父王羲之齐名,并称"二王"。

要想事业有成,要想成为一个不平凡的人,那就必须懂得专注,懂得为自己的目标锲而不舍地投入,用自己的时间和汗水换取成功的喜悦。

13　屡败屡战,重要的是再坚持一点

很多人这样对自己说:我已经尝试过了,不幸的是我失败了。其实他

们并没有搞清楚失败的真正涵义。每个人的人生之路都不会一帆风顺，遭受挫折和不幸在所难免。成功者和失败者非常重要的一个区别就是对挫折与失败的看法：失败者总是把挫折当成失败，从而使每次挫折都能够深深打击他胜利的勇气；成功者则是从不言败，在一次又一次挫折面前，总是对自己说："我不是失败了，而是还没有成功。"一个暂时失利的人，如果鼓起勇气继续努力，

打算赢回来，那么他今天的失利，就不是真正的失败。相反地，如果他失去了再战斗的勇气，那就是真输了！

美国著名电台广播员莎莉·拉菲尔在她 30 多年职业生涯中，曾经被辞退 18 次，可是她每次都调整心态，确立更远大的目标。最初由于美国大部分的无线电台认为女性不能打动观众，没有一家电台愿意雇佣她。她好不容易在纽约的一家电台谋求到一份差事，不久又遭到辞退，说她思想陈旧。莎莉并没有因此而灰心丧气、精神萎靡。她总结了失败的教训之后，又向国家广播公司电台推销她的清谈节目构想。电台勉强答应录用，但提出要她在政治台主持节目。"我对政治了解不深，恐怕很难成功。"她也一度犹豫，但坚定的信心促使她大胆地尝试了。她对广播已经轻车熟路，于是她利用自己的长处和平易近人的作风，抓住 7 月 4 日国庆

节的机会,大谈自己对此的感受及对她自己有何种意义,还邀请观众打电话来畅谈他们的感受。听众立刻对这个节目产生了兴趣,她也因此而一举成名。后来莎莉·拉菲尔成为自办电视节目的主持人,并曾两度获得重要的主持人奖项。她说:"我被人辞退过 18 次,本来可能被这些厄运吓退,做不成我想做的事情,结果相反,我让它们把我变得越来越坚强,鞭策我勇往直前。"

如果一个人把眼光拘泥于挫折的痛感之上,他就很难再有心思想自己下一步如何努力,最后如何成功。一个拳击运动员说:"当你的左眼被打伤时,右眼就得睁得更大,这样才能够看清敌人,也才能够有机会还手。如果右眼同时闭上,那么不但右眼也要挨拳,恐怕命都难保!"拳击就是这样,即使面对对手无比强劲的攻击,你还是得睁大眼睛面对受伤的感觉,如果不是这样的话一定会失败得更惨。其实人生又何尝不是如此呢?

大哲学家尼采说过:"受苦的人,没有悲观的权利。"已经在承受巨大的痛苦了,必须要想开些,悲伤和哭泣只能加重伤痛,所以不但不能悲观,而且要比别人更积极。红军二万五千里长征过雪山的时候,凡是在途中说"我撑不下去了,让我躺下来喘口气"的人,很快就会死亡,因为当他不再走、不再动时,体温就会迅速降低,跟着很快就会被冻死。可不是吗?在人生的战场上,如果失去了跌倒以后再爬起来、在困难面前咬紧牙关的勇气,就只能遭受彻底的失败。

著名的文学家海明威的代表作《老人与海》中有这样一句话:"英雄可以被毁灭,但是不能被击败。"英雄的肉体可以被毁灭,可是英雄的精神和斗志则永远在战斗。跌倒了,爬起来,你就不会失败,只是现在还没有成功。

14　思而后行，果敢去做勇者胜

浮躁心态固然不利于个人的生存和发展，但过于求稳的心态也不利于人的生存和发展。过于求稳的人往往谨慎、周密、务实，但思考过细、不敢冒险、常会错失良机。

诸葛亮一生机智和稳重，为刘备的三分天下贡献了很大力量，但北伐最终失利，便是由于他的太过谨慎之故。"先帝知臣谨慎，故临崩寄臣以大事也。"诸葛亮在《出师表》中，上书刘禅，也表明自己是谨慎的性格。但是"出师未捷身先死，常使英雄泪满襟"，是对诸葛亮谨慎性格失败的总结。诸葛亮是中国人心目中智慧的化身，这只能说明诸葛亮作为一代贤相竭心尽力辅佐汉室的美德，如果从其性格上来说，他是失败的。过于谨慎的个性使他失去了惟一一次北伐成功的机会。

诸葛亮虑事周全，谨小慎微，对他这种性格描述贴切的是《三国演义》里他第一次兵出祁山的一节。诸葛亮用马谡的反间计使曹睿削掉司马懿的兵权后，开始北伐中原，曹睿派驸马夏侯楙为大都督来迎战诸葛亮，于是魏延向诸葛亮献策："夏侯楙乃膏梁子弟，懦弱无谋。延愿得精兵五千，取路出褒中，循秦岭以东，当子午谷而投北，不过十日，可到长安。

断舍离

夏侯楙若闻某骤至,必然弃城望横门邸阁而走。某却从东方而来,丞相可大驱士马,自斜谷而进,如此行之,则咸阳以西,一举可定也。"孔明笑道:"此非万全之计也。汝欺中原无好人物,倘有人进言,于山僻中以兵截杀,非惟五千人受害,亦大伤锐气。决不可用。"魏延又说:"丞相兵从大路进发,彼必尽起关中之兵,于路迎敌,则旷日持久,何时而得中原?"孔明曰:"吾从陇右取平坦大路;依法进兵,何忧不胜!"不用魏延之计。其实,魏延此计正合兵家奇袭之计,妙不可言。后来司马懿重掌兵权之后,分析说:如果是我进兵,我一定要从子午谷进攻,奇袭长安,这样长安一带便唾手可得。魏延与司马懿可谓英雄所见略同,可过于谨慎的诸葛亮却不用此计,实在遗憾。

再看后来邓艾率五千精兵,偷渡阴平,逢山开路,遇水搭桥,奇袭成都,一举成功,他没按正规进攻路线来攻打成都,而是避开姜维据守剑门关的大军,灭了蜀汉政权,此计与魏延之计如出一辙。

诸葛亮北伐中原能够成功的惟一一次机会就在这里,因为魏主曹睿连续犯了两个错误:一是中了马谡反间计,撤了司马懿的兵权;二是派不谙战事的夏侯楙为帅来迎战。这正好给了诸葛亮天赐之机,如果诸葛亮能抓住这一机会,按魏延之计,率五千精兵直取长安,自己再率军出斜谷,那么大事几乎成矣。再加之其他兵马呼应,谁能定天下就难说了。

机会是均等的,也是短暂的。成功者的素质就在于能抓住短暂的机会,哪怕是瞬间也不错过,古往今来成功者无不如此,不管是谁,只要机会闪现,他们便绝不放过。诸葛亮虽然是一个智者,但他失去了一位千载难逢一统天下的机会。他博古通今,智慧超群,但性格谨慎,不敢冒险,使他一生都在徒劳心智。

做事谨慎是值得肯定的,然而不能过于用这种心态来指导自己做事。成大事者行动时自然要深思熟虑,但还要有锐气和冒险精神,一味求稳有时会痛失良机。

第四章

营造好心态，体验新生活

　　关于心态，我们要做的不仅是把消极因素剔除掉，更重要的是要主动为好心态创造一个健康生成的环境。心态本身是无形的，似乎难以捉摸和把握，但是影响心态的各种因素却是有形的，就存在于我们每天的工作、说话、做事的过程中。抓住这些因素做文章，好心态便会不期而至。

01 不忘初心，方能走远

在普通人中,有80%的人不满意他们的生活,但他们心中又缺少一个所满意的生活的清晰图样。这些人终生无目的地活着,他们胸怀不满,抱怨、反抗,但是对于自己真正想要什么,并没有一个非常明确的目标。你是否能说说你想在生活中得到什么? 必须注意:不要让你的欲望超出你的能力。因此,确定适合你的目标可能是不容易的,它甚至会包含一些痛苦的自我考验。但无论付出什么样的努力,这都是值得的,因为只要你一说出你的目标,你就能得到许多好处,而且这些好处几乎不请自来。

一个人若能热切地设想和相信什么,就能以积极的心态去完成什么。

邦科是某杂志社的一名编辑。他小时候就沉浸在这样一种想法中:总有一天他要创办一种杂志。由于他树立了这个明确的目标,就开始寻找各种机会。而且他终于抓住了一个机会,这个机会实在是微不足道的,以致我们大多数人都会随手丢弃,不肯多加理睬。

事情的经过是这样的:他看见一个人打开一包香烟,从中抽出一张纸片,随手把它扔到地上。邦科弯下腰,拾起这张纸片。上面印着一个著名的好莱坞女演员的照片,在这幅照片下面印有一句话:这是一套照片中的一幅。原来这是一种促销香烟的手段,烟草公司欲促使买烟者收集一整套照片。邦科把这个纸片翻过来,注意到它的背面竟然完全是空白的。像往常一样,邦科感到这儿有一个机会。他推断,如果把附装在烟盒子里的印有照片的纸片充分利用起来,在它空白的那一面印上照片上的人物的小传,这种照片的价值就可大大提高。于是,他找到印刷这种纸烟附件的平板画公司,向这个公司的经理说明了他的想法。这位经理立即说道:"如果你给我写100位美国名人小传,每篇100字,我将每篇付给你100美元。请你给我送来一份你准备写的名人的名单,并把它分类,你知道,可分为总统、将帅、演员、作家等等。"

这就是邦科最早的写作任务。他的小传的需要量与日俱增,以致他必须得请人帮忙。于是他要求他的弟弟迈克尔帮忙,如果迈克尔愿意帮忙,他就付给他每篇5美元。不久,邦科又请了几名职业记者帮忙写作这些名人小传,以供应一些平板画印刷厂。就这样,邦科竟然真成了杂志的编者!他圆了自己的梦!

现在回过头来看,起初,命运对邦科并不是特别眷顾。然而他并没有抱怨,而是抓住机会做出了令人满意的事业。所以,我们要注意到这个事实,没有什么人会把成功送到我们手里,任何获得了成功的人,都首先有渴望成功的心态,并且付诸了行动。如果邦科的成功或多或少是靠机遇的话,那么另一个人的成功则将给我们更多的启示。

几年前,南卡罗来纳州一个高等学院早早地通知全院学生,一个重要人士将对全体学生发表演说,她是美国整个社会的绝对顶级人物。那个学校规模不大,学生和师资相对其他美国的学校稍差一点,因此能邀请到这样一个大人物学生都感到特别兴奋。在演讲开始前的很长时间,整个礼堂就都坐满了兴高采烈的学生,大家都对有机会聆听到这位大人物的演说高兴不已。经过州长的简单介绍后,演讲者步履轻盈面带微笑地走到麦克风前,先用坚定的眼光从左到右扫视一遍听众,然后开口道:"我的生母是个聋子,因此没有办法和人正常地交流,我不知道自己的父亲是谁,也不知道他是否在人间,我这辈子找到的第一份工作,是到棉花田里去做事。"

台下的听众听了全都呆住了,面面相觑。这时,她又继续说:"如果情况不尽如人意,我们总可以想办法加以改变。一个人的未来怎么样,不是因为运气,不是因为环境,也不是因为生下来的状况,"她轻轻地重复方才说过的话,"如果情况不尽如人意,我们总可以想办法加以改变。一个人若想改变眼前充满不幸或无法尽如人意的情况,只要回答这个简单的问题:'我希望情况变成什么样?'然后全身心投入,采取行动,朝理想目标前进即可。""这就是我,一位美国财政部长要告诉大家的亲身体验,我的名字是阿济·泰勒·摩尔顿,很荣幸在这里为大家作演说。"

简短的演说留给人们的却是深深的思考。一个人的出生环境无法改变,但他的未来却可以靠自己谱写,关键是你要一个什么样的未来,为自己设定一个明确的目标,并付诸行动,用积极的心态去面对可能出现的各种困难,每个人的未来都会很精彩。

02 自知但不自弃,挑战不幸迎接成功

乔普从外表看是一个极普通的人,不普通的是他几乎没有开怀大笑过。他总是一副心事很重的样子,他忘不了自己是一个私生子,更担心会因此遭到别人的嘲笑,所以也很少和别人来往,他的家里除了妻子和母亲,也没出现过别的什么人。终于妻子因为受不了沉闷的家庭生活而离开了他,一年以后母亲去世,使他成了真正的孤家寡人。对生活的失望和对自己的绝望更使他备觉了无生趣,于是,他决定自杀。

他是天主教徒,知道自杀有违教规,但他认为"上帝"已经遗忘了他,当然也就不会责备他。带着一瓶剧毒农药,他来到离母亲的墓地不远的地方,毫不犹豫地喝了下去,在他尚未失去知觉时,他突然想起了一句话:

你的生命是别人生命的延续,即使不为自己也要为别人活着。然而,在他还没有来得及深想之时,已昏然倒地。不知道过了多久,他被冻醒了,摸到周身浓重的湿气,睁开眼睛,看到依稀的星光,这让他十分惊异,一时分不清自己是在天堂还是地狱。他冲到公路边上,看到了急驰的车流和远处的灯火,知道自己没有死。他想不通自己为什么会没有死。是老眼昏花的商店老板拿错了药?还是那药只能杀死害虫,不能杀死人?不过他已无意追究答案,因为他更愿意相信:这是上帝的意思。上帝希望他活下来,因为另有任务给他。突然间重新有了生存的渴望。他感谢上帝的恩赐,让他活下来,给他机会,要他把不属于自己的生命延续下去。

从此,乔普成了一个"为别人活着的人"。教区里无人不知的"全天候"义工是他,教堂里永不疲倦的志愿者是他,那个步履轻快、笑容愉快的人还是他。当他把帮助别人当做自己生命的全部使命以后,已无暇忆及自己曾是一个因了无生趣而绝望过的人。

对于每一个追寻生存意义的人来说,你必须克服的弱点是什么?是自卑、是沮丧、是犹疑,是了无生趣……无论是什么,都不可怕。只要你能正视它,它或许在某一时刻会影响你,但决不能让它影响你的一生。记住了这一诤言,你才能跨越障碍,实现人生的意义和价值。

一位心理学家曾经说过,多数情绪低落、自暴自弃、不能适应环境者,皆因胸无大志。他们没有自知之明,又处处要和别人比,总是梦想要是能有别人的机缘,便将如何如何。

诚然,寻找不满自己遭遇的理由那是易如反掌,关键是看你用什么样的心态去对待它们。

英国政治家威伯福斯痛恨自己矮小,著作家博斯韦尔有一次去听威伯福斯演讲,事后对人说:"我看他站在台上真是小不点儿。但是我听他演说,越说似乎人越大,到后来竟成了巨人。"这奇矮的人终生病弱,医生让他吸鸦片烟,以维持生命,历时二十年,他却一直不增加吸食的剂量。他反对奴隶贸易,英国废除奴隶贸易制度,多半是他的功劳。

断舍离

历史上最激励人的成功事迹,多半是那些身有缺陷境遇困难,但不怨天尤人而视之为生命的嘲弄,勇往直前不为之所困的人谱写的。挪威著名小提琴家布尔有一次在巴黎举行演奏会,一支曲子演奏到一半,一根弦忽然断掉。他不动声色,继续用三根弦奏完全曲。这就是人生——一根弦折断,就用其余三根弦奏完全曲。据说,苏格兰军队当年在西班牙与回教徒作战时,把已故国王布鲁斯的心抛在阵前,然后全军奋起抢夺,击败敌人。这就是前进的方法。

把握你的生命,高悬某种理想或信念,全力以赴,让自己的生活有一个明确目标。有许多人庸庸碌碌,悄然逝去,这是因为他们自甘平庸,认为人生自有天定,却从没想到人生是可以创造的。事实是人生存在世上,哪可能是天定;好好地利用自己作为人的优势,使它朝着自己的计划和目标奋进,这样就成了有意义的人生。

大多数的人成功至少不能缺少以下三个因素:

第一是想象力。伟大的人生以憧憬开始,那就是自己要做什么或要成为什么样的人的憧憬。南丁格尔的梦想是要做护士,爱迪生的理想是做发明家。这些人都为自己想象出明确的前途,把它作为目标,勇往直前。19 世纪的英国诗人济慈,他幼年就成为孤儿,一生贫困,备受文艺批评家抨击,恋爱失败,身染痨病,26 岁即去世。济慈一生虽然潦倒不堪,却不受环境的支配。他在少年时代读到斯宾塞的《仙后》之后,就肯定自己也注定要成为诗人。济慈一生致力于这个最大的目标,使他成为一位名垂千古的诗人。他生前有一次说:“我想我死后可以跻身于英国诗人之列。”你心目中要是高悬这样的远景,就会奋斗不息。如果自己心中认定会失败,就永远不会成功。你自信能够成功,成功的可能性就大为增加。没有自信,没有目的,你就会浑浑噩噩,一事无成。

第二是常识。圆凿而方柄是绝对行不通的。事实上,许多人东试西试,最后才找到自己的方向。美国画家惠斯勒最初想做军人。后来因为他化学不及格,从军官学校退学。他说:“如果硅是一种气体,我应该已经是少将了。"司各脱原想当诗人，但他的诗比不上拜伦，于是他就改写小说。在确定自己的人生方向时，要检讨自己；在设定你的目标时要多用点心思，从自身条件出发，不要不切实际地漫天狂想。

第三是勇气。一个人真有个性、有本事，就会有信心、有勇气。大音乐家华格纳遭受同时代人的批评攻击，但他对自己的作品有信心，终于战胜世人。黄热病流传许多世纪，染病死去的人不计其数。但是一小队医疗人员相信可以征服它，他们克服重重困难，在古巴埋头研究，终告胜利。达尔文默默无闻工作20年，有时成功，有时失败，但他锲而不舍，因为他自信已经找到线索，结果终获成功。

03　保持微笑，传递人间的善良

现在，许多人都感叹人际关系太冷淡，每个人的脸上都是冷漠的表情，与人为善的人越来越少。其实，反过来想一想，面对陌生人的时候，发出感慨的自己又给予了别人多少微笑呢？事实上一个人的内心很容易温暖，也许就只是一个小小的微笑就能使对方感觉温馨和快乐，从而友善地对待你。

有这样一个故事，一个善意的微笑挽救了一个将要被执行死刑的人。一个叫杰克的士兵在美国内战时不幸被俘虏，被投进了阴暗的单间牢房。对方的严刑拷打他可以挺得过，但他们那轻蔑、冷漠的眼神却使他感到紧张，当他从狱卒口中得知第二天将被处死时，他的精神世界完全垮掉了，他还年轻，他不想就这样还没见到家人最后一面就死去。他带着恐惧用颤抖的双手在衣兜里翻来找去，想要找到一只香烟，以缓解自己的紧张。但他的全身都被搜查过，可以拿走的一样也没剩下。在感到已没有希望的时候，他从上衣的口袋底部找到了一根被揉搓得快要碎了的烟头。他哆哆嗦嗦地拿着这个烟头，手指却怎么也不能将烟送到唇边。他有些急了,用一只手紧紧地握住另一只手的手腕,勉强把烟送到了几乎没有知觉的嘴唇上。接着,他又本能地浑身上下找火柴,但这回却是彻底地失望了,他翻遍了衣服的每一个角落,连一枚火柴的影子也没有。他很沮丧,难道我连最后的愿望也无法实现吗?他环视四周,透过牢房冰冷的铁窗,借着昏暗的光线,他看见一个像木偶一样一动不动的士兵。他多么想让士兵看他一眼呀!但看守始终都直视前方,没看他一眼。他用力摇了一下铁窗,以引起看守的注意,但看守好像没听见一样,一点反应也没有。没有办法,他打算叫那个士兵,他用尽量平静的、沙哑的、稍大一些的嗓音一字一顿地对他说:"对不起,有火柴吗?我想借用一下。"这回士兵听见了,头慢慢地扭过来,慢慢地踱到杰克跟前,用冰冷的眼神不屑一顾地扫了杰克一眼,他的脸也是冷冰冰的,毫无表情,想要说什么,但没说,只深吸了一口气,掏出火柴,划着火,帮杰克把烟头点着。"谢谢,我在天堂里会为你祈祷的。"杰克很真诚地说。

在黑暗的牢房中,那微小的火柴光显得格外明亮,他们看清了彼此的脸,眼光碰到了一起,杰克习惯地咧开嘴,善意地对他笑了笑。看守像被他的微笑吓到了,呆呆地看着杰克,在他的意识里一个人不可能对他的敌人微笑。几秒钟的发愣之后,看守的嘴角也不大自然地往上翘,露出了微笑。彼此的微笑,一下将他们的距离拉近了。看守并没有立刻离开,而是探过头来轻声问:"你的家里还有亲人吗?有孩子吗?"

"有,在这儿呢!我一直将他们放在我身边,是他们鼓励我活到了现在。"杰克用颤抖的双手从贴身衣袋里拿出他与家人的合影。看守看了之后,又笑了,也赶紧从兜里掏出自己与家人的照片给杰克看,并说:"我当兵的时间不算很长,但也有一年多了,想孩子和妻子想得要命,不知他们怎么样了。不过再有几个月,我可能回家一趟。唉!做梦都想家。"

"你的命可真好,你还能回家,愿上帝保佑你平安回家。可我明天就要死了,再不能见到我的亲人了,再也不能拥抱和亲吻我的孩子了,希望上帝保佑他们一生平安……"杰克哽咽着说,边说边擦眼泪。杰克的话使看守的眼中霎时充满了同情的泪水。

他们好像孩子一样,同时哽咽起来,突然看守抹去泪水,眼睛亮了起来,用食指贴在嘴唇上,示意杰克不要出声。他开始机警地环视周围,并巡视了一圈过道,看到没有什么异常情况后,他慢慢地掏出钥匙,悄悄地打开牢门的锁。看守抓住杰克的一只手,蹑手蹑脚地走到监狱的后门,又走出了城门。

杰克的生命被他的微笑挽救了……

看到这个故事,你也许并不相信,微笑可以拯救生命。看似不可能,但却折射了人们相处时应有的心态,只有善意对人,才能得到对方同样善意的回报。就像俗话所说的:你的播种决定你的收获。和这句俗话有关的故事是这样的:

加利福尼亚的奥法镇风光秀美,景色宜人,以前是一个只有几户人家的小村庄,后来有人陆续迁入,使它变成了小镇。某地产公司的部门主管库克因为工作变动即将住到这里,他担心邻居是否容易相处,便趁着给汽车加油的时候问一位老人:"这个镇上的人容易相处吗?"老人慢慢地说:"昨天也有一个人这样问我,我反问他'你以前住的地方的那些人怎么样?'他告诉我说:'他们糟透了,很难相处!'我只好回答他:'那我们这个镇上的人也一样。'现在,也请你先回答我:你以前住的地方的那些人怎么样?"库克微笑着回答:"他们好极了,真的非常友好,如果不是因为工作的原因,我甚至不想离开他们。"老人也愉快地笑着说:"很好,那么我也可以告诉你:我们这个镇上的人也一样。"

这或许是电影中的一个片断,但那位老人却是一位生活中的智者,他说出了一句真理:在人际交往中,别人对你的态度取决于你对别人的态度。严以律己,宽以待人,对于自身修养不够的人来说,做到这一点比较难。但你起码可以做到善待家人、善待同事、善待朋友。直到你习惯成自然,可以毫不迟疑地漾起微笑,善待所有陌生的人群时,你将不再抱怨别人冷漠的眼神,不再对陌生人不屑一顾,因为你已经淹没在陌生人善意的笑容里。把微笑当成习惯吧,你将看到每个人的脸像天使一般美丽。

04　自尊,才可换得他人的尊重

不向任何人卑躬屈节,不容许别人歧视、侮辱是"尊严"不变的内涵。只有自尊,才能受到别人的尊重。自尊心在平时需要培养,在特殊的情况下则需要捍卫。

霍克住在贫民区里,他的家庭状况也就可想而知,为了省下家里取暖的钱给自己交学费,他必须到附近的铁路去拾煤块。霍克的行为受到了贫民区里其他的孩子家长的称赞,那些家长也拿他为榜样教育自己的孩子要向他学习,自食其力。但霍克却因此遭到那些孩子的嫉恨。有一伙孩子常埋伏在霍克从铁路回家的路上,袭击他,以此报复。他们常把他的煤渣撒遍街上,使他回家时受到责备,他只能默默流泪。这样,霍克总是或多或少地生活在恐惧和自卑的状态中。

终于有一天,老师看到霍克脸上的伤,问起原因,霍克哭着说了经过。老师问道:"你觉得自己错了吗?"霍克马上坚定地回答:"不,我没有错。"

老师又说："那么，这种事情必须结束。霍克，你有力气拾煤块就应该有力气反击他们，记住：要为你坚持的东西而勇敢。"

第二天，在霍克拾完煤往回走的路上，看见三个人影在一个房子的后面飞奔。他最初的想法是转身跑开，但很快他记起了老师的话，于是他把煤桶握得更紧，一直大步向前走去，犹如他是凯旋而归的一个英雄。

接下来便是一场恶战。三个男孩一起冲向霍克。霍克丢开铁桶，勇敢地迎上去，拼尽全力挥动双拳进行抵抗，使得这三个恃强凌弱的孩子大吃一惊。霍克用右拳猛击到一个孩子的鼻子上，左拳又猛击他的腹部，这个孩子便转身逃走了。这使得霍克精神一振，更加奋勇地反抗另外两个孩子对他进行地拳打脚踢。他用腿绊倒了一个孩子，再冲上去用膝部猛击他，而且发疯似地连击他的腹部和下腭。现在只剩下一个孩子了，他是领袖，他突然袭击霍克的头部。霍克站稳脚跟，把他拖到一边，毫不畏惧地对他怒目而视，在霍克的目光下，那个孩子一点一点地向后退，然后飞快地溜跑了。霍克从煤桶里抓起一块煤投向那个退却者，这也许是在表示他正义的愤慨。

直到这时，霍克才知道他这一次的流血和伤痛是最值得的，因为他克服了恐惧。他知道帮他赢得胜利的不是他的拳头，而是他渴望捍卫自尊的心。从现在起的每时每刻，他都将"为坚持的东西而勇敢"。他要改变他的世界了。

自尊就是个人的尊严，是每个人都应该具有的。但并不是每个人都要像霍克那样用拳头和石头来捍卫它。真正懂得维护自尊的人是能给别人应有的尊重，从而赢得更多人的尊重，甚至可能改变一个人的整个生活。

有这样一个关于尊严的真实故事：某日富商闲来无事，就到大街上散步，刚走出不远，他看到前面有一个衣衫褴褛的铅笔推销员正满脸堆笑地向他走来，眼神里充满了渴望。富商见此怜悯之情油然而生，毫不犹豫地将一元钱丢进推销员的怀中，就缓步走开了。他以为能听到一句感谢的话,回头看时正遇上推销员那毫不领情的眼神,他才忽然觉得这样做不妥,就连忙返回,很抱歉地对推销员解释说:"对不起,我刚才忘了拿笔,希望你不要介意。"说着便从笔筒里取出几支铅笔,最后又说:"我们都是商人,都不能做赔钱的买卖。你有东西要卖,而且上面有标价,我照价付给了你钱,我也要拿走我买的东西。"这件事富商并没有放在心上,他只是觉得对任何人都应该尊重,不管他自己是否需要。几个月过后,富商出席一个商业活动,作为公众人物,许多人都与他寒暄。快到中午用餐时,他身边的人不那么多了,这时一位穿着整齐的年轻人迎上前来,用充满感激的目光注视着他。富商感到很纳闷,但一时也想不起来这人是谁,此时年轻人说话了:"您早就不记得我了吧?我也是才知道您的名字,但不管您是一个名人还是一个普通人,我永远忘不了您。我是数月前那个铅笔推销员,当时您的举动给了我足够的尊严。在此之前,我一直觉得自己像个乞丐,一个推销铅笔的乞丐,不配得到任何人的尊重。因为很多的人都只给我钱,并没有拿走一件商品,他们都认为我是一个乞讨者,直到您走过来并告诉我,说我是一个商人为止。您虽然拿走了一元钱的商品,但却为我重新找到了尊严。您的话使我重新树立了自信,我立志要成为一个真正的商人,今天我做到了。谢谢您!"

没想到简简单单的一句话,竟使得一个处境窘迫的人重新树立了自信心,并且通过自己的努力终于取得了可喜的成绩。一个人应该拥有自尊,但他更应该给别人以同自己一样的尊敬之情。只要一个人的内心是和善的,心灵是美好的,他一定是一个懂得自尊并尊重他人的人。

05　真诚以对,释放你的个人魅力

能否受到别人的欢迎,所到之处能否留下阵阵欢笑而不是沉闷和压抑,这与处世为人的原则和心态有着密切的关系。当然,与每一个人相处的结果,不一定都能达到双方为彼此不顾一切、赴汤蹈火、肝脑涂地的程度。但多一个朋友毕竟多一条路,多一个朋友就多一份享受快乐的机会。动作举止,风度翩翩;言谈话语,风趣儒雅;为人处世,心态平和。这样的你怎能不受到欢迎? 周围的人怎能不感到快乐呢? 但是,说起来容易做起来难。有的时候,由于自己某些个人的因素和一些他人的原因,令"喜欢我"受到了挑战。怎么办?

怎样才能使你任何时候都是魅力四射,永远都是欢乐的代言人,当别人不开心想要快乐的时候,你总是他们想到的第一人? 想要做到这么多,决不是单靠嘴上一说,一个不负责任的许诺就可以如愿以偿的;或者,仅仅一次就可以一劳永逸的。那需要行动,而且是长久的行动。

科学证明每个人的大脑都是不一样的,这就决定了每个人的思想意识都是不一样的,在加上一些主观和客观的因素,人的思想变化就更是难以琢磨。但是,再难以琢磨,人都有一个共同的特点,就是希望得到别人的理解。对方一旦发现你可以感知他、理解他,他自然而然就对你产生了好感,此时的你绝对可以引起他的注意,你的第一步已经成功了。

你做到这第一点并不难,有时只是一个善意的微笑而已。如果双方交谈,一定要为对方着想,尽量找双方都感兴趣的话题;或者找对方特别关心的事情,并能从对方的言语之中找到他最需要的东西,从而去安慰他。安慰的话要积极向上、催人奋进,让对方能因你的话变得开心快乐、忘记烦恼,向着更高更远的方向迈进。这就是你要做到的第二步。这时,你也许会说,这不就是动动嘴皮子吗? 但是,动嘴皮子时,一定是发自内心的帮助对方,是真诚的劝慰,这样才能让对方真的被你感动。其实这才是最难的。它是对你人格的一种检验,也是对你道德的一种要求——恪守承诺,兑现你的诺言。

有这样一个人,他绝对是一流的外交家,谁见了他的第一面都会喜欢上他。因为他太热情了,太善于交谈了,太容易向人许诺了。他好像应该是被人们包围的,光芒四射的。是的,他绝对被人喜欢过,但是那太短暂了。因为他说过的话或承诺过的事情从来就没有兑现过：每次约好的时间，他总是迟到，而且他迟到一百次也会有一百个不同的理由。更可怕的是，被质问的次数多了，他竟然会恼羞成怒。于是，他以前精心维护的形象荡然无存，在众多的亲朋好友眼里他变成了一个骗子式的泼皮，也暴露了他不缺好行为只缺好心态的弱点。

有相当一部分人，在做一些比较令人满意的事情时，并不是在好心态的指引下，而是在自己一时的好情绪的带动下做出来的。事实上，他还没建立一个好心态。只有加强个人修养，诚实守信，才没有人能抗拒来自于你的魅力。

06 从心而变，体验更有新意的生活

有一位叫罗丝的女士，有一个幸福的家庭，丈夫疼爱她，女儿喜爱她，她总是觉得自己是世界上最幸福的人。可是，有一天不幸发生了。那天她回到家里，小女儿听到她的开门声和脚步声，急忙从二楼的房间飞奔而出迎接她，像一只快乐的小鸟。她的女儿光顾着高兴，没注意脚下的楼梯，一不小心在楼梯上摔了个跟头，从楼上滚了下来，当时就死了。罗丝悲痛欲绝，整天沉浸在失去女儿的痛苦之中，看到与女儿有关的每一件东西，她都会垂泪，整个工作和生活都乱糟糟的。有位教会的老太太听说她的情况后前来安慰她，对她说："我自己没有亲生的儿女，但我照顾了很多流落街头的女孩子，她们的健康状况是我最牵挂的，每当她们生病无法医治时，我的难受不小于你，所以我能理解你的心情。现在我年事已高，照料这些孩子已经很吃力了，我恳求你来接手我的工作，将您对女儿的爱转给她们，或许这样能让你忘却自己的忧伤。"罗丝女士考虑再三后接受了这份工作。忙碌的工作虽然不能使她完全忘记自己的痛楚，但每当看到女童们在她的照顾关爱下健康活泼的样子，她的伤痛就会大大减轻。

当一个人处于一种难以解脱的精神困惑时，从原有的生活环境跳出来，让自己因关注其他的事情而减轻以往不悦的精神，无疑是一个改变心态的良方。只有"心"变了，属于你的世界才可能有阳光照耀，只有爱博大，你的生命才更有意义。

生活中绝大多数人都在过着一种循规蹈矩的、平平淡淡的日子，这没有什么不好。但为什么会觉得生活没有什么意思？这是因为我们心灵深处的某些东西受到了压抑，认为也没有什么"临危不惧的英雄本色""天降大任于斯人"等诸如此类大显身手的机会，很多人失去了激情与活力，留下的只是一种疲惫懈怠。

作家叶天蔚曾经写过这样一段话："在我看来，人生最糟糕的境遇不是贫困，不是厄运，而是精神心境处于一种无知无觉的疲惫状态，感动过你的一切不能再感动你，吸引过你的一切不能再吸引你，甚至激怒过你的一切也不能再激怒你，即使是饥饿感和仇恨感，也是一种强烈让人感到存在的东西，但那种疲惫会让人不住地滑向虚无。"这是一种很可怕的状态，也许你不可能换一种更能激起你热情的工作，也许你更不能去重新组合家庭，但你可以改变心态，给生命画布中适当地增加一些色彩，保持住心灵的年轻与弹性。其实生活本身与世界本身都是多姿多彩的，关键是看你有没有一颗善于捕捉的心。

工作地点没变，你可以换换上下班的方式或乘车路线，如你每天骑自行车,今天你可以乘坐公共汽车,观察一下周围匆匆忙忙的各种表情的人群;工作内容没变,但可以换一种方式看看是否提高了效率,或许会得到意想不到的结果;周末是否全家出去看场电影;节假日是否去吃顿大餐,体会一下到豪华场所消费的快感;安排些力所能及的旅游项目,去看看秋叶泛黄显红、万里长城的雄伟;试着动手拆装自行车、电视机,看自己是否比你想象中的还要心灵手巧;培养一些适合自己的业余爱好,坚持下去就会发现其乐无穷;搞些可能的投资活动,买点股票……晴天雨雪,酷暑严霜,一日三餐,朝九晚五,也许生活环境难以改变,但你可以改变心情。永远怀着感恩的心情去体验造物主的厚赐,带着积极的心态去体会每一点变化的不同。你可以有无数种改变可选择,把一潭波澜不兴的死水变成欢快奔流的小溪。

07　果断地抉择,勇敢地担当

果断和优柔寡断是相对的两个词,一个果断的人和一个优柔寡断的人在面临考验时的反应和结果也是截然相反的。

吉姆是某一段铁路的发报员,工作认真,待人态度亲切,没有人不喜欢他。更让人敬佩的是他24岁就当上了这一路段的分段长,是最年轻的一个。他的升职取决于他的果断和责任心。

在他未升职之前,发生了这样一件事。那天早晨,他像往常一样来到办公室发报纸,刚一进来,就听到同事们说一辆被撞毁的车身阻塞了路线,铁路运输已陷入了大乱。电话铃声响个不停,许多赶火车的乘客急得团团转,纷纷质问到底出了什么事,为什么没有人解决?按照铁路的有关条例规定,遇到紧急情况,只有铁路分段长同意才能调车,没有分段长的书面或口头同意,任何人擅自执行都会受到处分或革职。同事们之所以不敢有所行动,是因为分段长约翰不在,没有人愿意被革职,也没有人愿意承担责任。

你做的很好，你不仅没有犯错误还立了功。

眼看着堵车的情况越来越严重，货车全部停滞，载客特快也已因此而误点，而分段长依然是找不到。如果事情继续发展下去，会影响整个铁路运输系统。看到心急如焚的人们，吉姆再也顾不上许多了，他毅然在同事们胆怯的目光下发出调车集合电报，在上面签上了约翰的名字。他的举动的确破坏了铁路最严格的规则中的一条，如果查实，他将离开铁路系统。没有人敢于承担这样的后果。只有吉姆断然决定这样干，并且说一切后果由他承担。不一会儿，拥堵的道路畅通，约翰也回来了，各项事务都顺利如常了。吉姆告诉了他整个事件的经过，等待着他的批评和处分。约翰只是笑了笑，什么也没说。同事们感到很惊奇，问约翰为什么不照规则办事，今后还会有人服从规定吗？约翰严肃地说："在规则能解决问题时，按照规则办，当规则不能解决问题时，我们就要想办法。果断和有责任感的人永远不该受到指责。"不久，吉姆被升任为约翰的私人秘书，24岁时，他便成为这一铁路的分段长。

果断的人从来都不缺乏对事物的准确估计和判断，因此他们永远清楚地知道自己需要什么，能为别人做什么。但偏偏有这样一种人，当别征询他的意见时，他不清楚自己的确切需要，便说："随便怎么都行。"然而，

断 舍 离

等结果出来后,他却又不停地抱怨,让他作决策时,他又犹豫不决。

美国盲人作家吉姆·史都瓦有一次搭乘飞机,坐在他旁边的是一个非常喜欢抱怨的人。作家甚至认为如果奥林匹克有抱怨比赛的话,他可以轻松地拿到一块金牌。当空中小姐来询问他们两人要吃鸡肉还是牛肉的时候,作家回答:"鸡肉。"那个爱抱怨的人则表示:"都可以。"不一会儿,空姐端来了作家要的鸡肉,端给那人一份牛肉。接下来的 20 分钟,作家的耳朵在那个人不断喃喃抱怨他的牛肉有多难吃中痛苦煎熬。那个爱抱怨的人完全不了解,这顿难吃的晚餐是他自己决定的。表面上看,这是空姐帮他挑的晚餐,但实质上,是他将自己的选择权交给别人的。

某个电视剧中的女主人公对男主人公说:"现在我有两条路可以走,要么继续留在公司上班,要么去应试空姐完成我的梦想。你说我该走哪一条路呢?"男主人公直视她紧张的脸颊说:"我能给你做决定吗?我做了决定你能真正接受吗?你能以后肯定不后悔吗?"

当你认为某件事确实无关紧要,你懒得去思考决策时,或者把决策权交给别人时,无论出现什么结果,我想你最好就是服从,闭住你的嘴巴,不要喋喋不休地埋怨唠叨,因为这时你的选择其实是"随意、随便什么都行"。还有一些人是这样一种类型,比如在饭馆中点菜,他会说:"你看着办吧,我吃什么都行。"可当你拿着菜单刚开始点菜,他就会不停地发表意见:把肉换成鱼吧,把豆腐换成茄子吧,把红烧改为清炖吧……这种人在很多事情上都是这样:不敢承担决策的重任,还想尽可能地照顾自己的利益,对别人的主张肆无忌惮地攻击。这样的人最终会让所有的人都离开他。

自己的事情,自己果断地决定好了。任何一项决策都会受到当时获取信息的完善程度与心态的影响。也许这个决策并不是最好的选择,但总得去做,才知道对错。即使真的做错了,那就拿出责任心,勇敢地承担,只有这样,才能一次比一次做得更好,也才会养成果断作决策的习惯。

08 每临大事需静气,学会适时沉默

在一般工薪阶层的心目中,相信没有什么是比遇到一个爱挑剔的上级更令人沮丧的事情。下班后回到家里,你可能依然怨气未消,蹙着眉,对身旁的人怒目而视,随时准备迁怒他们。可是,静心一想,他们招你惹你了?

毫无疑问,他们根本没错,你对亲人肆意放纵,也许能获得一时的快感,从他们身上找一点平衡,但这却是治标不治本的愚蠢行为——让家人伤心而且不能让你的上司不再挑剔。正视问题,尝试与你的上司和睦相处,针对事情而不是针对人,努力不把工作上的事与烦恼带回家,对不同的上司采取不同的态度。例如:上级蛮不讲理、无理取闹的时候,你应当毫不示弱、据理力争,抱着"错了我会承认,不是我的错而让我承认,恕难照办"的态度;上司非得鸡蛋里挑骨头,你就尽量少开口,以不变应万变。这样,你会工作得快乐一点。

老板故意跟你过不去,处处刁难你的原因多种多样、举不胜举,你也不必仔细琢磨、忐忑不安。虽然你的自尊很宝贵,但对付那些根本不讲理的人,又怎能计较那么多? 不如相信"沉默是金"。

避免成为工作奴隶的有效方法,是变为它的主人。同样地,想获得老板的尊重,首先你要自尊自爱,严以律己,言行一致,办事有原则,人家自然对你不敢小觑,就算是老板也不例外。英国一位作家在他的一本畅销书籍《工作、老板与你》中这样写道:"一个好的职员,除了要有优秀的工作表现外,还需要懂得与其他同事相处,尤其是处理好与上级的关系。"

假如你以为理论始终是理论,知易行难,这样的想法显然是错误的。实行起来十分简单,少说话,多做事。你只要把自己分内的工作完成妥当,切勿"练精学懒",祸从口出。开始做事以前,先弄清楚老板的要求与

工作期望,踏踏实实,自然就能减少出错的机会,也就减少了他挑出毛病的机会。此外,老板在责问你的时候,你要学会保持沉着冷静的态度,不要在心理上败给他,你也不必急着为自己辩护,要坚定地看着对方的眼睛,并且适时适度地运用沉默的力量。如果老板的挑剔没完没了,你的沉默就是最好的反击。

长时间的沉默会给人造成极大的心理压力。我们常常可以在电影、电视中看到这样的场景:监狱中有一个叫做禁闭室的房子,用来惩罚不听话的犯人。房间非常狭窄而且最重要的是那里既见不到阳光又没有人可说话,犯人就那么静静地待着,一待几个星期或者更长。事实上,正常的人即使是在里面关上一天都感觉度日如年。因为人性是排斥黑暗和沉默的,沉默使人感到没有依靠,有的时候真的可以让人为之疯狂。所以犯人常常会沉不住气,该说的就都说了。

正因如此,许多谈判桌上的高手才经常会利用"沉默"这张牌来打击对手,他们可以制造沉默,也有办法打破沉默,利用沉默来达到目的。

台湾有一个经营印刷业的老板,在经营多年之后想要退出印刷界。他原来从国外购进了一批印刷机器,经过几年使用后,扣除磨损应该还有240万美元的价值。他在心里打定主意,在出售这批机器的时候,一定不能低于240万美元的价格出让。有一个买主在谈判的时候,滔滔不绝地讲了这台机器的很多缺点和不足,这让印刷公司的老板十分生气。就在他在自己忍不住要发作的时候，突然想起自己 240 万元的底价，于是他冷静了下来，一言不发，任凭那个人继续滔滔不绝。那个人说了几个小时后，看着一言不发的印刷公司老板，再没有说话的力气了，突然蹦出一句："嘿，老兄，我看你这个机器我最多能给你 350 万元，再多的话我们可真是不要了。"于是，这个老板很幸运的比计划多赚了 110 万元。

沉默当然不是指简单的一味地不说话，而是一种成竹在胸、沉着冷静的姿态。尤其在神态上更是要表现出一种优势在握的感觉，而逼迫对方沉不住气，先亮底牌。这只是表达力量的一种技巧，而不是本身就具有优势力量。

"静者心多妙，超然思不群"。沉不住气的人在冷静的人面前最容易失败。因为急躁、不自信的心情已经占据了他们的心灵，他们没有心思来考虑自己的处境和地位，更不会认真地坐下来平心静气地思索真正的对策，也最容易让别人钻自己的空子。所以，无论在挑剔的上司还是在难缠的谈判对手面前，适时的沉默都是一种智慧，一种技巧，一种优势在握的心态。

09　忘掉自我感恩他人，心底无私天地宽大

美国的一家电话公司曾做过一项趣味的问卷调查，问题是："在接打电话时，哪一个词出现的次数最多？"他们分别对 500 个电话用户进行了电话调查，谈话时间都是相同的。结果不久就出来了，令他们十分吃惊地是，第一人称"我"被使用了 3955 次。

总有一些人喜欢以自我为中心，希望别人围着自己转。当听到有人责备他们只爱自己、不关怀别人时，他们会大言不惭地告之：这是个性。一个人如果不先爱自己，何谈爱别人呢？这话听起来好像很有道理，事实上真的如此吗？成功者的经验告诉我们，要学会倾听别人意见，这样不仅

会使你的生活更加有意思,而且别人也会更喜欢你;不要老是纠正别人;常给陌生人一个微笑;不打断别人的讲话;不要让别人为你的不顺利负责;要接受事情不成功的事实;忘记事事都必须完美的想法;承认自己的不完美等等。这样生活会突然变得轻松得多。

华哲斯顿是世界著名的魔术师,以其高超的技艺被同行公认为魔术师中的魔术师。他出身贫民,从未上过一天学,最初所认知的字都是从小靠从铁路旁的标牌上学到的。但他在世界各地表演 40 年,为 6900 万名观众演出过,事业的成功是其他同行所不能比拟的。当有人问他成功的秘诀时,他说:"我会的魔术手法跟其他同行相比并没有什么特别,大家用的基本手段都是一样的。但有两样别人没有的东西帮助我成功:其一便是个性,一个演员如果没有个性,是很容易被观众遗忘的,所以,我尽全力在舞台上把自己的个性展示出来;二是我了解人类的天性,这是我成功的关键所在。现在大多数人都喜欢别人重视自己,对自己感兴趣。魔术的确能暂时欺骗观众的眼睛,这是它的乐趣所在,但作为一个魔术师不能把观众真的当成是傻子,只要略施小技就可以把人们骗得晕头转向。我从干这个职业以来,从来都没这么想。在上台表演之前,我总对自己这么说:'能有这么多人来看我的表演是我的荣幸,是你们让我过上了一种我所喜欢的生活,没有你们的观看,魔术就失去了它存在的价值,我的生活也将索然无味,我很感激你们的到来。我要用最大的热情和最高明的手法来满足你们的期望。'"这就是深受观众欢迎的魔术师的成功秘诀,简单却深刻。

当许多人抱怨生活对他如何不公平时,当自己虽与某人处于相同的起点,但别人却最终取得成功时,当我们拥有一技之长却不屑服务于他人时,我们的眼中是否只有自己,看不到别人带给我们的友善?

一个事事以自我为中心的人,肯定也欠缺另一种心态和能力,那就是正确对待"应激反应"。不管你愿不愿意,生活中我们总能看到或遇到这样的事:急着赶路却遇到人为的堵车;音乐厅里满场手机呼机的鸣叫;高级商场里穿着时尚的女人们秽语相向等。在这些事情中,我们或许不是直接的受害者,但毫无疑问这会令我们不舒服,甚至有可能在几秒钟里将我们置于恼怒而不愉快的情绪之中,这种情绪被称为"应激反应"。"应激反应"在医学上的解释是:身体和精神对极端刺激,比如噪音、时间压力和人事冲突等等的防卫反应。通过研究我们知道:应激反应是在头脑中产生的。在即使是非常轻微的恼怒情绪中,大脑也会命令分泌出更多的应激激素,这时呼吸道扩张,使大脑、心脏和肌肉系统吸入更多的氧气,血管扩大,心脏加快跳动,血糖水平升高。

理查德·卡尔森的一条黄金规则是:不要让小事情牵着鼻子走。他说:"我们的恼怒有80%是自己造成的。所以要冷静,要理解别人,那样我们会少很多烦恼。"他的建议是:表现出感激之情,别人会感到高兴,你的自我感觉也会更好。卡尔森把防止激动的方法归结为这样的话:"请冷静下来!要承认生活是不公正的。任何人都不是完美的,任何事情都不一定会百分之百地按计划进行。"

心理学家认为:短时间的陶醉自我是无所谓的,短时间的应激反应也是无害的。使人受到压力是长时间的应激反应,这种长时间的应激反应,不但会影响你的身体健康,也势必会影响到你的心态,最终使你成为一个暴躁易怒的人。如果你不愿意这个结果出现，那么就让我们时常忘了自己、重视他人吧！因为在许多时候，你最终的成功不可能没有别人的帮助。

10 自明自强不自卑，主动展现不一样的自己

自卑就是自认各方面不如别人的一种心态，也是不利于建立成功人生的坏心态。其实，只要不是超人，都会有不如别人的某些方面，但是无论是生理的还是心理的不足，都不能决定你的生命是否精彩。关键在于你是如何看待自己的不足，是让它成为你的绊脚石还是前进的推动力。

拿破仑说："默认自己无能，无疑是给失败创造机会。"因此自卑对于自己的发展十分不利，所以必须想办法克服和超越自卑。现推荐几个方法，不妨一试：

（1）尽力发泄法。自卑者一般都是性格比较内向不善于表达的人，当这种不良情绪产生时，大都沉默少言，极力躲闪周围熟悉的事物。事实上这样并不利于自卑者缓解压抑的心情，正确的做法是找亲朋好友或心理医生将自己内心的自卑情绪发泄出来，且发泄得越彻底越好。

（2）自我认知法。自卑的人特别看中他人对自己行为的看法和反应，很少对自己的行为、形象进行直接、客观的观察和评价，而且不自信的人还特别注重他人的否定评价，因此常常形成"既然大家都认为我不行，那我一定是不行的"的错误思想，这就是自我暗示心理造成的不战自败的结局。这时，最应该做的不是"知难而退"，而是静下心来理性分析一下自己，让自己决定是做还是不做，决定做就应树立"自己不比别人差"的信念。

（3）精神刺激法。当一个人要处理一件从未接触过的事情时，紧张、恐怕失败的思想肯定是有的，但有的人之所以能成功走到最后，是他能及

时调整自己些许自卑的心态，当行为过程中遇到困难时他不是停滞不前，而是想办法解决困难。他首先分析事件的轻重缓急，先完成一些简单易行的工作，循序渐进，对重大疑难的问题慢慢解决，一步步地克服困难，在工作进行过程中给自己不断地打气，始终牢记：即使要行万里路，也要一步一步地走，任何事情的最终成功都是在平时通过一点一滴的努力去实现的。所以切忌在中途遇到棘手问题或出现疑难时就怨天尤人，或是垂头丧气、丧失信心，因为许多事情的结果不是我们能决定的，虽然"谋事在人"，却是"成事在天"。当我们通过自己的努力取得哪怕一点成绩时，都应该加以表扬，以此一步步地克服自卑，取得更大成就。

（4）以勤来补拙。数学家华罗庚说："勤能补拙是良训，一分辛劳一分才。"凡事只要尽全力去做，一定会有收获，那些有所成就的人大都勤奋上进。另外要相信"有志者事竟成"，在遇到波折时不气馁，认真反省，用自己双倍的汗水去向自己设定的目标迈进。不能总认为别人一定比自己强大，羡慕别人而贬低自己，那样等待你的将是一事无成的结果。另一方面，如果一个人知道自己在某些方面存在不足，并下定决心将自己的欠缺加以弥补，对症下药，则是一种难得的品质，也是克服自卑的一种手段，常言道：人贵在有自知之明。

（5）扬长避短法。任何一个人的存在都有价值，存在就是理由。音乐大师贝多芬不到 30 岁时耳朵开始出现疾病，后来完全失聪。起初他十分痛苦,尽量瞒着别人,避免与人进行语言交流,他曾"痛苦得不出一声",因为做音乐离不开耳朵,就像跳舞离不开双腿一样。但贝多芬并没有陷入痛苦的泥潭中不能自拔,他更加勤奋,勇敢地面对自己"无声"的世界,用心去编曲,用心去聆听,因而在那段时期他创造了音乐史上的奇迹:他一生中最伟大的作品都是在他失聪以后创作的。因此,只有主观努力才能决定一个人的最终成功。一个人有缺陷和缺点并不可怕,关键是能否正确对待自己的缺陷,让它成为激发潜能的动力。

（6）多与人交往。人一旦有了自卑情绪,就会将内心封闭起来,不愿与人相处,自卑者之所以选择孤独,在很大程度上是因为自己轻视自己,缺乏建立正常人际关系的信心,从而造成别人也看不起他,不想与其相交相知,因此周围可信任的朋友很少。我们在学生时代大多会有这样的经历:因为求学要到一个完全陌生的环境,这种环境与我们以前的生活环境完全不同,当遇到文化和语言差异而一时难与新环境融为一体时,许多同学会产生自卑情绪,使本该快乐的生活笼罩上忧郁的气氛,其实只要我们理性分析一下,多与周围的新同学接触沟通,时间长了,随着对新环境认识地加深,自卑感会自动化解。一个人在对己不利的情况下,应该采取的方法是鼓足勇气战胜困境,而不能让挫折走进内心形成自卑,逃避环境,封闭内心。要采取开放的态度,打破自我封闭,多与人交往交流,让关心你的人帮你出谋划策,化解困扰你的问题。不要过分看重自己的挫折与失败,热情地接受别人,让自信的阳光洒向心灵深处。

每一个正常人都或多或少有自卑的心态,只是有的人外露,让自卑主宰了自己的所有性格特点,遮盖了本身的优点,看不到自身的长处。而有的人在看到自己真的在某些方面不如别人时,则会理智地加以调整,找出属于自身的优点,扬长避短,用优势掩盖住自己的不足,在心理上承认自卑,在行为上战胜自卑。所有的自卑者都应该认清自己,正确地评价自己,不要让自卑成为成功路上的绊脚石。

11 接纳不完美的自我，以才智取胜

常言道："人不可貌相。"又说："鸟美在羽毛上，人美在心灵上。"可是的确有人为自己的相貌终日烦恼。也难怪，因为今天"美貌效应"的现象极为突出：相貌漂亮的人，尤其是年轻女子，会在人际交往、婚姻等事情上博得他人青睐，激起他人的热情，事情往往好办。相比之下，相貌不佳者就没那么"运气"了，甚至会处处碰壁，心灰意冷，苦恼不堪，羞于见人，产生自卑心理。这时就需要及时调整心态，正视现实，寻找自己的"闪光点"，加强文化修养，培养高尚情操，力争以才补貌，扬长避短。

每个女人都渴望能够拥有一幅"沉鱼落雁""羞花闭月"的容貌，阿琳也不例外，可惜天不遂人愿，因而阿琳常苦笑着自嘲："有人说女孩子都是从天而降的天使，可我似乎是掉下来时脸先着地。"阿琳长相的确很普通，是人们常说的"掉在人堆里找不到"的那种，普通得不会给人留下任何记忆，而且，人堆里找不到她的另一个原因是因为她个子矮，身高不足一米五，25 岁的她看上去像个初中生。阿琳的气质很好，她举止文雅、大方、得体。但阿琳内心深处永远留着一个死结，那就是她一切的不幸，都源于她容貌上的"遗憾"。

上学的时候，阿琳就敏锐地发现，老师真正喜欢的是那些容貌好、头脑聪明的孩子；而像阿琳这样刻苦努力、长相不好的学生，老师不会讨厌但是也绝不会特别喜欢。大学中文系毕业后，她没有服从分配，而是出去应聘工作，让她伤心的是，每次都是笔试通过面试通不过。后来，好不容易有一家娱乐杂志"慧眼识人"录用了她，让她总算结束了四处飘零、到处碰壁的日子。这是一家刚刚开办的杂志，各种事情都没有走上正轨，事情又多又杂，而且缺人缺钱，许多工作都得一个人兼任数职。

阿琳在众多的女职员中无论是文笔还是思维敏捷性都是首屈一指

的,而且她是中文系毕业,正是专业对口,条件可谓得天独厚了。然而,在分配具体工作时,一些重大的采访节目、学术交流活动等露脸的工作,上级总是派漂亮的女孩子去做,而阿琳永远是坐在办公室角落里,做着最繁杂、最琐碎的事情,对阿琳的才能来讲,简直是大材小用。

一向宽宏大度的阿琳想,找份工作不容易,大家工作也都不容易,凡事忍一忍就会过去的。然而,令她满腔义愤、忍无可忍的事情还在后面。有一次大家正在开讨论会,残联的同志来找领导,问单位有没有安排残疾人工作,如果没有的话,按规定要交纳一定数量的赞助费,当时阿琳的上司竟指着阿琳说:"看,我们这儿有个小人儿,这就是我们安排的残疾人。"阿琳听了这话如雷击顶,她手脚完好,心智健全,怎么就成了残疾人呢? 原来单位聘用她除了获取她的劳动成果外,还有这样的附加作用! 简直像一场噩梦。从此,阿琳陷入了难以自拔的痛苦之中……

谁都想要丽质天生,但人的五官、身材大部分由遗传因素决定,美丑很难自选。容貌不佳虽然会给人的生活带来很多的不便和不快,但由此而陷入苦恼中却是双倍的不幸。记住一句话:世上没有丑女人,只有笨女人。仔细想想,这话有一定道理。女人的魅力并不以身材和脸蛋为必要条件。很多女人长相极为普通,却能倾倒众多骄傲自负的男子,为什么? 因为她们有文雅的举止,机敏的谈吐,雅致的装束,温柔迷人的气质。约瑟芬与埃及艳后就属于这一类女人,她们长相平平,却使最伟大的男子拜倒在了自己的脚下。

事业上的成功与容貌没有必然联系。一位容貌乏色而同时又成就了一番事业的女士在面对媒体采访时讲述了自己的故事，她的故事说明，人的成功源于自信，而非容貌。

这位女士单从容貌上来讲，很难让人将她与高级白领联系起来。她矮胖，眼小嘴大，还有很多人痛恨的龅牙，应该说毫无美感可言。但是她落落大方的风度，精细有度的谈吐，天下无难事的自信，让人自然而然地被吸引，与她交谈如沐春风。她说，当初她只身一人来到深圳这个新兴移民城市创业时，身上没有多少钱，在深圳也没有亲人朋友，最糟糕的是，她因为长的不好看，连年轻女子找工作起码的"通行证"都没有！但她没有向命运低头，因为她明白，如果此时打退堂鼓，今后就很难有勇气向前走了，于是，她迎难而上。一天，她尽最大能力将自己收拾得精神利落，昂首阔步地走进当地一家最有名的投资公司，面带自信的微笑，不卑不亢地递上明片并告诉前台小姐："请找一下总经理。"也许正是因为她长的不佳，前台小姐没有采用对一般年轻女性的高度警惕态度，甚至，也许还动了些许的恻隐之心，毕竟在美女集中度过高的深圳，面容难看的女子在人们看来是很难立足的，所以，前台小姐没有过多的盘问，就请来了总经理。

她迎视着总经理困惑、挑剔的目光，尽量条理清晰、信心满怀地推销自己设计的咨询项目。她很成功地用自己的气魄和口才打动了这位关键

人物,他果断地投资,做了她第一个股东兼顾客。时隔多年,这位总经理在提及当时场景时,说:"我第一眼惊讶于她的容貌,在年轻姑娘充斥的写字楼,她简直有点'鹤立鸡群'。然而,她讲话逻辑严密,有条不紊,而且,最打动人心的是她自信乐观的态度和胜券在握般的气度,让人感觉到有如此气势的女人,决不会是败将的。"

这位女士用事实证明了她的判断,如今她的投资公司已是如日中天,而且,她还举办了有关投资理财的培训班,每次开学的第一天,她都会将她那次终身难忘的创业经历讲给学员们听。她强调,在创业致富之前,必须培养自己的信心,如果你自己否定自己,谁能去信任你呢?可见,树立对自己的信心有多重要。

"失之东隅,收之桑榆"。自己相貌不佳,是一个"弱项",但是可以"化不利为有利",从才华、事业等方面来弥补自己的不足。拿破仑——这位至今拥有大批崇拜者的历史著名人物,生来矮小,相貌也谈不上英俊潇洒,但最终却成为伟大的军事家。他的形象顶天立地,他的英明流传千古。

美国杰出的学者戴尔·卡耐基说过:"一种缺陷,如果生在一个庸人身上,他会把它看作是一个千载难逢的借口,竭力利用它来偷懒、求恕、示弱。但如果生在一个有作为的人身上,他不仅会用种种方法来将它克服,还会利用它干出一番不平凡的事业来。"但愿那些深为自己的相貌不佳而苦恼、自卑的人,能从这句话中得到启迪,甩掉包袱,振作起来,重新塑造一个美好的形象。

12 自扫阴霾,换个视角静待阳光普照

雾挡住了太阳,模糊了我们的视野,使人的心情也像雾一样灰暗不明。许多人都因一大早见到雾而郁郁寡欢,但也有的人见到雾反而兴奋

不已,因为他知道大自然的雾,日出便消散,雾后是晴天。看见浓雾,他会自语:"很快便要雾散日出。"而不是一味的心情沉重。同样是雾天,不同的是人的心态,乐观的人看到是雾后的天,悲观的人只见雾、不见天。

换一种心情去看雾,你会减少许多的忧愁和不必要的郁闷;换一种心态对待生活,你会收获许多的快乐。当我们因昨天与朋友闹一场误会而心头茫然时,应该立刻运用沟通的手段,让和解的阳光尽早出现。打个电话,发个短信或电子邮件,送一件包含歉意的礼物……你的所作所为都是天晴前的浓雾,慢慢地雾散了,朋友又回到了你身边。那种愉悦无以言表。

因此无论何时都应该想到雾只是薄薄一层,它后面有个好太阳,又亮又温暖,它会把雾收去,交给世界一个好晴天。只有拥有阳光般的心态,才会拥有阳光般的生活。一个人在工作或者生活不开心的时候,内心比较脆弱,所以很容易对他人产生不当的期待。有的人时常在这种情绪低落的时候,把所见到的每一个人都当成是朋友,向他倾诉自己的不幸,并渴望获得安慰与同情。你的每个朋友都愿意听你诉苦吗?

对于每个人来说,随时遭遇无法预料的危机,本身就是一件非常平常的事情。家里小孩生病、至爱亲友死亡、婚姻亮起红灯等,这些大大小小的问题都会使我们压力倍增,心力憔悴,精神疲惫,进而影响我们的情绪,烦恼剪不断,理还乱。

人在遭受挫折的时候,往往会感到非常脆弱,但是无论问题多严重,最好不要找同事倾诉,更不要四处找人哭诉。如果一定要发泄,也一定要找办公室以外的朋友,否则很可能给同事造成你"有病"的印象。

曾经有人说,这个世界上的每一个人都是以自我为中心的,每个人的视角也完全是被自己先天或后天形成的思维定式所左右,所以每个人都有不同的注意力,喜欢把注意力集中在自己感兴趣的事情之上。比如,你们夫妻最近经常无端的发生口角,你察觉你和太太的关系已经发生危机。而且也许这个时期又是公司最紧张的时候,你的业务也很繁重。在家庭

断 舍 离

和工作的压力下,你很容易陷入无奈情绪的陷阱,处于一个相当低落的时期。大多数人在情绪低落的时候,总是希望别人给予关怀,对自己伸出援助之手。所以你在这种情况下,稍不留神就会失去自控力,家庭问题上的苦闷和事业的压力让你急需有人倾听你的感受,帮你发泄心中的郁闷和不满。

不是每个人都是你可以信赖的朋友,每个人都有自己感兴趣的事情,你对他们倾诉一些你自己觉得催人泪下的事情其实并不会博得他们的同情,反而会觉得你小题大做,没能力处理好一些简单事件。仔细想想,这种渴望同情与注意的心理是一种小孩心态。我们都见过这样的画面:许多时候,当一个孩子摔倒以后,他并不是马上张嘴大哭,而是看周围有没有人注意他,如果有人的话,他就会惊天动地哭起来;若没有人,他一般就会无可奈何地爬起来,继续做他的游戏。小孩子的这种把戏会让人觉得可爱好玩,换作一个成年人呢?

大自然的雾消散很快,生活上的雾,在好心态的驱逐下,一样停留不了多久。当心情不好时,想想浓雾散失的过程吧。浓雾天,虽然向上空望不见太阳,但能看见它四周的银环,那是晴天的希望,你只需要想到阳光一定能穿透雾气照射大地,今天一定是个好天气。渐渐的环绕在太阳周围的雾气慢慢淡化,蓝天逐渐显现出来。又过了一会儿,云朵飞快地退去,万里无云的天空,耀眼的阳光出现在你面前,照亮你的心灵。

其实，每个人都会有不少烦心的事儿，大家也许都在"水深火热"中挣扎，何必总拿自己的不开心强加到人家头上呢？除非迫切需要帮助，否则即使是最好的朋友，也不要拉着人家陪你一起悲伤，还是自我调节为好。要相信雾后是晴天，黎明前的黑暗过去就是初升的太阳。

13 越优秀越内敛，用行动化解他人的嫉妒

每个人都渴望有一个健康的环境发展自我，但这个环境只能是许多人的一个愿望。

娟生于一个知识分子的家庭，家里条件非常优越。从小到大，吃穿住行都比一般同龄的孩子强，她还是家里的独生女，一家老小都十分地疼爱她。娟还是一个天生丽质的姑娘，柳眉大眼，皮肤白皙，乖巧伶俐，学习成绩优秀，老师对她也是偏爱有加。从上小学开始娟就是班干部，但好像同学们对她不是很热情，她开始以为是她的工作没做好，于是尽力改进，但收效不大。她去向老师询问原因，老师告诉她，要团结同学，与同学们多交流，她又照着做了，但同学们对她还是很冷淡，她真不知该怎么办，偷偷的她在私下里问好朋友，才知道同学们都认为各方面不如她，都嫉妒她。她知道后并不十分在意，依旧热情地和同学们相处，虽然情况有所改观，但她身边的朋友还是不如其他的同学多，但她已十分高兴了。

喜忧参半的中学生活不知不觉地过去了，她以优异的成绩考入了北京一所名牌大学，学习热门的计算机专业。娟并不认为上了大学就进入了天堂，依然刻苦学习，对于未来她有一番雄心壮志，她想要成为女"盖茨"。好强上进，课业全优，娟很快就成为班级和系里的"领导阶层"。加之她容貌出众，聪明机灵，在学生活动中经常抛头露面、挑大梁，校园中渐渐地传开了她的大名，娟成了众人公认的"校花"，是个典型的风云人物。

她毕竟太年轻，涉世不深，自认为只要自己各方面都过硬，一定会受

断 舍 离

到同学们的欢迎,所以她努力使自己成为全才。但没想到适得其反,她越出色同学们离她越远,时常会看到同学们在背后指指点点,尤其是女同学。有一次,她在操场搞活动,忘了拿些东西,就去班里取,正巧听见几个女同学在议论她:"唉!人长得好就是管事儿,什么事都是人家先去,我真恨我妈怎么把我生成这样。""你也不差呀,打扮一下也一样,就是不如她会说话,这你还真得学着点,不服不行啊!""人家学习也好。真是的,老天爷真是不长眼,怎么优点都长她身上了,真气人。"……听了这些她很生气,但她很理智,没有对她们大发脾气,她知道这是同学们在嫉妒她,她相信时间一长就好了。她带着些许的不快继续干工作,在一起活动的同学问她怎么了,她如实讲了一遍,那个同学告诉她,她们确实是在妒忌她,要改善这样的关系,需要时间和她的耐心。

从此每当听到有人背后说她,她都尽力检讨自己,但反而有时不知怎么做才好。最要命的是有些男同学也对她敬而远之。一次学校要举办一场大型的交谊舞会,娟是个"舞林高手"。舞会那天晚上,她精心打扮了一番去了舞场。靓丽的她吸引了全场的目光,她努力向每个投来目光的人报以友好的微笑。然而,迎接她的却是女生的窃窃私语和男生的望而却步,没有一个人请她跳舞。这场舞会令她终生难忘,因为,从头至尾,她都是这个舞场最美的"墙花"!

150

　　这件事对娟打击很大，她开始变得消沉，话越来越少，整天闷闷不乐，她真不知道该怎样与人相处，她想不通难道美丽和智慧也是错误吗？

　　其实，现实生活中像娟这样品学兼优、气质出众的人并不少见，遭到同事或同学的嫉妒也是常事，关键是如何调整好自己，进而协调好周围的人际关系。要将人际关系协调好，首先应培养具有吸引力的个性。迷人的个性就是一种圆满发展的个性。个性其实是一个人特点与外表的总和。如所穿的衣服、脸上的线条、声调，还有思想品德，这些都是个性的组成部分。我们提倡个性飞扬，但不能张扬，娟虽然既漂亮又有能力，但有时某些行为不免有些考虑不周，连老师都敢"叫板"，在成熟的人的眼里，她是对的，但有些狭隘的人心里会认为她太傲，况且众人都认为她已经够优秀了，这样"总表现自己"会使人觉得另有企图，比如"当干部""得奖学金"等，原本单纯的行动变得斑点多多。其实这只是小事，在水平相当的人之间不算什么，但在彼此相差很远的情况下，就是一个值得注意的问题。在人际交往中，要注意你面临的对象，斟酌自己的言行可能带来的后果。

　　在我们尽了最大的努力改善人际关系，特别是化解因嫉妒而产生的不愉快时，情况却没改观，那也不能因此而意志消沉。始终坚信只要自己不是那样的人，任何的议论都会不攻自破，不要试图堵别人的嘴，要用事实来改别人的嘴。心态好的人会让嫉妒成为激励自己的动力，因为只有不如你的人才会妒忌你，他们说的越多越表明他们不如你，何苦和比你差的人生气呢！

14　以忙碌得充实，把烦恼赶跑

　　人生就是一串由无数的小烦恼和小挫折串成的念珠，豁达的人在数念珠时总是带着笑容。面对不如意的时候，拿一杯葡萄酒对着太阳看看，前途总是玫瑰色的,没有比这更可爱的了。生命太短了,不要因为小事而烦恼。

郭昕,在别人眼中,英俊潇洒、举止风度翩翩、说话风趣幽默的他,生活一定丰富多彩。而谁又能想到,他心里想的最多的两个字却是"郁闷",只有他一个人的时候,沮丧、忧郁、痛苦深深地包围着他。大学时期的郭昕是从鲜花和掌声中走过来的。他学习成绩好,工作能力强,老师、同学都喜欢他。而且远在千里之外的家乡,还有他深爱着的、同样优秀的女友。在毕业时,各方面条件都很优秀的他,毫不费力地在省城找到了一份人人羡慕的工作——在一家最大的外资企业做市场分析。郭昕刚走上工作岗位就崭露头角,把工作中的每件事都做得漂漂亮亮、无懈可击。他也为回到分离四年之久的女友身边而备感幸福。然而,他殷切期盼来的却是:女友要求与他分手,而且她并没有给他一个分手的理由。这严重地伤害了他的自尊心,他想本着"凡事不服输"的态度试图将女友挽回,然而一次次努力,一次次失败,女友只是一味地躲避他。从未有过的挫败感让他一蹶不振。他一下子掉入了生活的低谷中,他变得沉默、懒散,精神的恍惚与注意力的分散也使他在工作中出现了几次失误。

郁闷,也就是一个人忧郁寡欢的一种消极情绪表现。一个人长期忧郁寡欢可能导致悲观失望、情绪低落、缺少乐趣、缺乏活力,有的甚至会整日里自责自咎,严重的会产生轻生的念头。过度的忧虑,往往是由于经受不住突发性的强烈打击而形成的，它是危害心理健康的直接原因。《淮南子·原道训》中写道："忧悲多害，病及在积。"这种情绪如果不及时调解，任其发展下去，会导致生理上的病变，例如：头痛头晕、心慌没劲、恶心呕吐、长期失眠、食欲很差、体力衰退等等。

每个心智健全的人都会有烦恼，而且是各式各样的意想不到的烦恼。除了由恋爱、婚姻和家庭方面所引起的烦恼外，在人生漫长的旅途中，还会遇到工作、学习和生活各个领域的形形色色的烦恼。这些烦恼剪不断、理还乱，时刻纠缠你的心灵，使你心烦意乱，有时候像蛀虫一样，无休无止地啃噬着你的心灵，使你陷入痛苦的深渊。正常的人不会无缘无故地烦恼，所以，当你觉得郁闷又袭击你时，问问自己："我为什么郁郁寡欢呢？"

每个人的一生都不是一帆风顺的，"天有不测风云，人有旦夕祸福。"有时生活中的挫折、工作上的不如意会让一个人烦恼不堪，尤其是当这个人很少经历失败时，一个小小的挫折也会让他情绪低落，顿生忧虑烦恼，如乌云笼罩住他的心，而他却无力拨开乌云见阳光。对生活、工作的厌倦，也是一个人易忧郁的原因。由于一个人不能总换工作，总生活在不同的地方，他们挖掘不到生活中的点滴美，认为工作单调乏味，生活一成不变，每天都是前一天的重复，继而产生忧郁的心理。工作上的停滞不前与工作、生活的重复会增加一个人内心的疲劳程度，当人们无法从中解除出来时，烦恼就产生了，并不断膨胀，以至占据整个内心。

一些缺少目标的人也易产生烦恼。如果一个人时刻有所期冀、有所希望、有所追求的话，那就会在大脑皮层上不断地产生一个个兴奋中心，使他处于精神振奋的状态，没有多余的心思去烦恼、去郁闷。邝昕的烦恼就是因为失恋带来的痛苦使他的生活方向突然发生改变，事先没有一丝儿的预兆，这让他措手不及，生活的重心失去了平衡，他找不到自己的位置，于是在失望的黑暗中迷失了方向，他内心只留下了伤痛与烦闷。

还有一些烦恼是自找的，因为烦恼是主观上的一种情绪体验。你感到烦恼的事情，对于别人来讲就未必会同样产生烦恼的情绪体验；别人感到烦恼的事情,你也未必会同样地感到烦恼。庸人自扰、杞人忧天大多是指本不应该有烦恼,但因内心空虚、无所事事而胡思乱想。人们感到烦恼的事情,往往是没有发生的事情,甚至事实上不至于发生的事情。人们总是因为今天的不完整而为明天忧虑,寻找不必要的烦恼。如果一个人紧张忙碌地做一件事,他是不会感到烦恼的,也可以说他没有时间去顾及烦恼。

忧愁、烦闷可以使一些有才华的人沦为失败者,它们摧残意志不坚强者的志向,削弱他们还没有完全成熟的自信心。因此,可以说忧虑的心理是一种极为有害的心理腐蚀剂。我们应该怎样消除忧郁情绪、解除烦闷心理呢?

心理学上有一条最基本的定理:无论一个人多聪明都不可能在同一时间想一件以上的事情,所谓"一心不可二用"。人只能轮流地想一些事,而不能同时想两件事。人的情感也是这样,我们不可能既快乐、同时又忧虑。在同一时间里,一种感觉会把另一种感觉赶走,这个看似简单的发现,使得很多心理治疗专家创造出无数奇迹。工作,让你忙起来——这是精神上最好的治疗剂,对大多数人来说,在做日常工作忙得团团转的时候,忧虑就会远离他。可是一旦闲下来——就在我们自由自在享受悠闲和快乐的时候,忧虑的魔鬼就会来袭击我们。这时,如果能把时间分开,是一件非常好的事情,使自己有一种可以主宰自我的感觉。

所以,让自己忙起来,你的思想就会开始敏锐——让自己一直忙着,这是世界上最廉价的一种药,也是最有效的一种药。

15　自省精进,改变心态改写命运

命运是可以改变的,因为它取决于你的心态,如果你能正视自我,并改变那些不良的心态,那么你的命运也会随之改变。知道了自己的错误,勇于承认，并毫不犹豫地改掉它，这是一件比较困难的事。英雄豪杰之所以是英雄豪杰，圣贤之所以是圣贤，就是在这一点上有过人之处。

明代的时候，有一个著名的人物，叫袁了凡。袁年少时曾在一个名为慈云寺的寺庙里遇上了一位姓孔的老人。老人长须飘然，仙风道骨，长得超凡脱俗。经过一番交流之后，袁就把老者请到了自己家中，母亲说："好好接待孔先生，让他给你算一算命，看灵不灵。"结果，孔先生算他以前的事情丝毫不差。孔先生告诉他："你明年去考秀才，要经过好几次考试。先要经过县考，县考时，你考中第十四名；县上面有府，府考时，你考中第七十一名；府上面有省，省考时，你考中第九名。"第二年，他去参加考试，果然没有错，孔先生算准了。于是，袁又让孔先生为他推算终身的命运。孔先生告诉他："你某年应考第几名，某年可以廪生补缺，某年可以当贡生。当贡生后，某年又会去四川一个大县当县令，三年半后，便回到家乡。在五十三岁这一年的八月十四日丑时，你将寿终正寝，可惜终身无子。"袁了凡将这一切都详详细细地记录下来，并且铭记在心。

令人称奇的是，自第二年后每次考试的名次都与孔先生所算一致。从此以后，袁真的明白了，一个人一生的吉凶祸福、生老病死、贫富贵贱，都是上天安排好了的，不能强求。命里没有的，怎么动脑筋、怎么努力都得不到;命里有的,不用多想,也不用怎么努力,自然就会有。于是,他认命了,无求、无得、无失,心里真正地平静了下来。他当了贡生以后,在北京住了一年,终日静坐,毫无想法,也不读书写字,真可谓心如止水。因为他知道了自己的命运,想也没用,所以,他什么都不想了。

一年,袁回到南方,去朝廷所办的大学——南京的国子监游学。入学之前,他到南京栖霞山拜访了著名的云谷禅师。他与云谷禅师在禅堂里对坐,三天三夜都没合眼,依然精神饱满。云谷禅师暗暗称奇,心想:如此年轻之人,怎么会有这么高深的定力呢? 真是难得! 难得! 于是,云谷禅师问道:"凡夫之所以不能成为圣人,是因为心中有杂念和妄想。你坐在这里三天三夜,我没有看到你有一个妄念。这是什么原因呢?"

袁回答道:"因为我已经知道了自己的命运。二十年前,有一位姓孔的先生早就算定了,我一生的吉凶祸福、生老病死都是注定的,还有什么好想的呢? 想也没有用,所以干脆就不想了。"

云谷禅师笑了笑,说道:"我还以为你是一位定力高深的豪杰,原来也只是一个凡夫俗子。"

袁向云谷禅师请教:"此话怎讲呢?"

云谷禅师说:"人的命运为什么会被注定呢? 这是因为人有心、有妄想。人如果没有了心、没有了妄想,命运就不会被注定。你三天三夜不合眼,我以为你抛开了妄想,没想到你仍有妄想,这妄想就是——你什么都不想了。"

袁问道:"既然如此,那么按照你的说法,难道命运可以改变吗?"

云谷禅师说道:"儒家经典《诗经》和《尚书》里都说过这样一句话——命由我作,福自己求。这的确是至理名言。任何人的命运都是由自己的心态决定的,人的幸福也全看自己怎样去追求。佛家经典中也说:求富贵得富贵,求男女得男女,求长寿得长寿。妄语是佛家的根本大戒,佛难道还会妄语吗? 难道还会欺骗你吗?"

袁进一步向云谷禅师请教,"孟子说:'有所求,然后才能有所得。'其意思的确是指求在自己。但是,孟子的话是针对一个人的道德修养而言,人的道德修养无疑可以通过自身的培养而获得,而功名富贵是身外之物,难道通过内在的修身养性也可以获得吗?"

云谷禅师说:"孟子的话没有说错,是你自己理解错了。你理解对了一半,另一半你还不知道。其实,除道德修养可以通过内心求得之外,任何一切也都可以求得。你难道没有听过六祖说的这样一句话吗?'一切福田,不离方寸,从心而觅,感无不通'。意思就是说,任何成功和幸福都离不开人的方寸之心,一切追求最终是否成功,都取决于人的心态。要追求一切,首先就必须从追求心灵开始。所以,孟子说的求在自己,不仅仅指道德修养,功名富贵也是如此。道德修养是内在自身的,功名富贵是外在的,但这两者的获得都应该从内心入手,而不要舍弃内心,盲目地在外面去追求。从内心入手,内外的追求都可以得到。如果不反躬内省,只一味地向外追逐,那么,尽管你拼命努力,用尽了许多方法和手段,但这一切都是外在的,内心没有觉悟,你就只能像无头苍蝇一样四处碰壁,最终毫无结果。所以,一个人从外面去追求功名富贵,往往会内外两者都失掉。"袁听完云谷禅师的话以后,豁然开朗。

云谷禅师告诉他说:"孔先生说你不能登科,没有儿子,这是根据你的天性而算定的,这是天作之孽,完全可以通过内心的努力去改变它。只要你扩充自己的德性,改变自己的心态,多做善事,多积阴德,那么,你就能改变自己的命运。《易经》是一部高深的著作,中心思想就是教人趋吉避凶。如果说人的命运是注定的,又何须去趋吉避凶呢?"

听完云谷禅师的话以后,当天,他便改名为了凡,其含义是:了解了安身立命之说,立志不走凡夫俗子之路,一定要改变自己的命运。从此以后,他整日小心谨慎,不敢让自己的行为越雷池半步。他的心态开始发生了变化。以前,他放纵自己的个性,言行随随便便,过一天算一天。而现在,他时刻警觉,不断反省检点自己的行为,即使一个人独处的时候,也常常感觉有一种无形的力量在注视着自己;遇到有人憎恨诽谤他,他也能安然容忍,内心相当平静,不像从前那样心浮气躁,一点点委屈都受不了。第二年,礼部进行科举考试。孔先生算他该考第三名,他却考了第一名,孔先生的卦终于不灵验了。秋天的大考,他又考中了举人。孔先生算他命里不会中举,而他居然考中了。

从这以后,袁了凡便对命运变通之说深信不疑,时时刻刻检点反省自己:是否积善行德不勇敢?是否救人的时候常怀疑虑?是否自己的言论还有过失?是否清醒时能做到而醉后又放纵了自己?

改名以后,袁了凡便自己掌握了自己的命运:他有了儿子,取名天启;他不仅考中了举人,而且还考取了进士;孔先生说他命里本应去四川当知县,他后来却在天津宝坻当了知县,最后官至尚宝司少卿;孔先生算他寿命只有五十三岁,他却一直活到七十四岁。

袁了凡的故事。证明了一个奇迹的出现,而大多数人不能实现这个奇迹是因为不能去除自己身上的人性弱点。每个人的内心都有一些顽固的东西阻碍着自己潜能的发挥,像嫉妒、猜疑、虚荣、刚愎、自卑、懦弱、贪婪、恐惧等等,所以,我们在通往成功的路上不断克服外在困难的过程,实际上也就是一个不断释放潜能的过程,一个克服自己弱点、自己战胜自己的过程。

第五章

舍得人生，智慧生活

人的一生有很多事情难以抉择：坐在哪个位置、怎样把握机会、如何创造财富、是否接受感悟……遇事争先、什么都想得到的抉择，让人生过于沉重，无形中增加了很多压力，困惑随之增多，妨碍了正常的生活，损害了自己。如果在一生中要有所得，就不能让诱惑自己的东西太杂太多，就必须简化自己的人生，就要学会放弃，丢掉那些让自己生活繁杂和内心烦乱的东西。

01　知足常乐，简单生活用心过

简单生活是人人都向往的生活方式，它也是人们追求的生活，因为它代表一种幸福。简单生活，并不意味着是贫苦、简陋的生活，它是经过深思熟虑之后，过上目标明确的生活，是一种丰富、健康、和谐、悠闲的生活。

富有的人可以过简单的生活，贫穷的人也可以过简单的生活。它可以按你的想法进行设计。你有足够的经济能力，你可以去旅行，可以做你想做的任何事情，只要它能给你带来快乐；你没有钱，你可以坐在院子里晒太阳，可以去自家的田地里劳作，做你能做的任何事情，它会带给你充实的生活。至少你该知道自己该做什么。

有的人认为简单生活是被向往而不能实现的，其实不然。你的心快乐你才会快乐，因为你要求的生活在你能力范围之内。而走出了这个范围，去过你不能左右的生活，它注定不能带给你幸福。犹太人认为贪婪会让你失去快乐，正如《塔木德》所言：

"肉越多，蛆越多。

财产越多，忧虑越多。

妻子越多，魔法越多。

婢女越多，不贞越多。

男仆越多，抢劫越多。

……"

说明一个人在贪婪的前提下，是不可能过幸福简单的生活的。你要求得越多，希望得到的越多，你的欲望也会越多，而欲望是无穷尽的，所以你永远也不可能简单的生活。

简单的生活要我们知足常乐。知足常乐是一种心态，并不能代表一种做事的方式。快乐幸福都是建立在知足常乐的基础上的，这里并不是说不思进取，不向前进，而是在认为自己能做到能力控制范围循序渐进地前进。

孔子曾经评论卫国的公子荆说："他善于居家过日子。刚刚有一点财产，便说差不多足够了。稍稍的增加一点，便说差不多都完备了。富有以后，便说生活差不多美满了。"告诉人们不要要求太多，要知足。"知足"不是没有追求；"知足常乐"更不是平庸的表现。相反，倒是很难得修炼成的德性，更不容易。人最大的财富，是在于无欲。可现实生活中，想做到并不容易。有人以为无欲，清心寡欲，过着"悠然见南山"的生活，有的人则因为贪得无厌而走上不归路。

曲阜，是孔子生息的地方。古城曲阜有着大量的名胜古迹，其中最著名的就要数"三孔"——孔庙、孔府、孔林。"三孔"里流传下来这样一个有趣的传说：在孔府内宅正门的一面照壁上，绘有一幅龙头、狮尾、麒麟身的动物，传说是天界的神兽。尽管它的脚下和周围全是宝物，包括"八仙"的宝贝也都全部归它所有，但它仍不感到满足，还妄想去吞食太阳，结果被太阳烧死，可谓贪得无厌。据说孔子将这幅画画在内宅门里，是为了让家里世代做官的人每天都能看到它，提醒他们要引以为戒，不可贪得无厌。相传孔子这一图画式家训就是成语"贪得无厌"的来源，其意义发人深省,足以令观者,特别是官者为戒。

有一些人,他们没有非分之想,能正确地衡量自己的所得,知道哪些是自己所有,哪些不是自己所得。是自己应得的,心安理得的接受,不属于自己的不强求。从不为一己私利去做伤害别人的事,这种人活得精彩,活得快活。这是一份属于自我的尊严和乐趣,这也是许多人想得到的生活。生活本来就很简单,我们为了让它丰富多彩,给它描上了五彩斑斓的颜色。纷纷扰扰中,人们的心情也随之变化。而正是那些无关痛痒的凡尘琐事,影响着我们的生活。

中国还有句古话:"世间本无事,庸人自扰之。"偈语虽平常,却很难做到。生活在花花世界里的我们,不是圣人,必定会有各式各样的困扰和不同的人生经历。人有少年得志也有大器晚成,所以实在无需介怀,因为上天会眷恋努力上进的人。

一位哲人写道,佛说:"你身上有尘。"我用力地擦试。佛说:"你错了,尘是擦不掉的。"于是我便将心剥了下来。佛说:"你又错了,尘本非尘,何来有尘。"我领悟不语。任何事情总不如想象中的完美。于是,有的人发泄,有的人堕落,有的人逃避。只是,俗世间的人啊,你们要学会接受现实,学会放弃,学会原谅,学会欣赏破碎的美,享受破碎的痛,一直到参透的那一刻,哪怕是在死前的那一刹。看了这个故事,一定会使你领悟到人生的真谛。

看看下面这首歌中唱道的吧:人生如粗饭劣肴,心中骂嘴里嚼,谁不想快活到老,茫茫人海渺渺,岁月又不轻饶,一生得几回年少,又何苦庸人自扰,一生得几回年少,倦鸟终归要回巢,红尘路走过几遭,花开又花落,世事难预料,笑一笑,往事随风飘……这就是我们梦寐以求的幸福向往。那么幸福是什么? 幸福来源于"简单生活"。物质财富只是外在的荣光,真正的幸福来自于发现真实独特的自我,保持心灵的宁静。记住经常保持一种内心的宁静,这样,当你遇到不快时,你的智慧和常识就会告诉你该怎么做。追求简简单单的幸福应该是每一个人的目标。生活在简单中的人，就能够朝目标迈进，不至于误入歧途，而使我们丧失自我的伟大一面。简单的意义，不是幻想生活而是面对生活，祈求心灵的宁静。何须费心寻觅呢？它不在千里之外的岛屿上，而是存在于你的心中。

静坐常思己过，闲谈莫论人非；能受苦乃为志士，肯吃亏不是痴人；敬君子方显有德，怕小人不算无能；退一步天高地阔，让三分心平气和；欲进步需思退步，若着手先虑放手；如得意不宜重往，凡做事应有余步；持黄金为珍贵，知安乐方值千金；事临头三思为妙，怒上心忍让最高；切勿贪意外之财，知足者人心常乐；若能以此去处事，一生安乐任逍遥。

02 感恩知足，过自己想要的生活

人都喜欢攀比，与上比就觉得自己处处不如别人，甚至有人说"人比人气死人"。如果与下比呢，你就会觉得满足，满足就是一种幸福的感觉。不要埋怨我们没有鞋子，应庆幸我们有脚。

琼斯买得起劳力士手表和名牌服饰，开得起豪华跑车，也能够到私人小岛度假，却坦白承认她没有满足感。琼斯说："我已经比我梦想的还要富裕，可是我还是感到悲伤、空虚和茫然。钱财居然不等于快乐！我真的不知道什么东西才能带来快乐。"像琼斯那样，为钱奋斗了大半辈子才悟出"有钱不一定快乐"。知道道理的人不在少数。她如果肯在圣诞假期中静下心来读读普拉格的《快乐是严肃的题目》这本书，她会感悟出，感恩之心才是快乐的秘诀。

普拉格在书中引述了一个观点，就是人之所以不快乐，就是因为人本身出了问题。问题很简单，只要你把有问题的部分修理好就行了。根据他的看法，不知感恩是造成我们不快乐的一大原因。特别是在布施礼物的"快乐假期"里，他提醒做父母的应该好好教导孩子知道感恩与满足。他认为，"如果我们给孩子太多，让他们期望越来越大，就等于把他们快乐的能力给剥夺了。"他认为做父母、做长辈的有责任要求孩子们学会从心里说"谢谢"。

知足是快乐的基本要素。心理学家说,佛家早就看出,人类不快乐的最大原因是欲望得不到满足、目标得不到实现;而美国文化培养出来的普拉格则详细区分"欲望"与"期望"。他说,虽然欲望也许有碍快乐,却是"美好人生"不可缺少和无法消除的成分;期望则是另一回事,例如,我们期望健康,但得付出代价。普拉格举例说,某一天你发现身上长了个瘤,你心怀忐忑找医师检查。一个礼拜后,当听到良性瘤的诊断结果时,你会感到这一天是你一生中最快乐的一天。

快乐来源于满足感。乔治是伦敦郊区的一位神父。一天,教区医院里一位病人生命垂危,他被请过去主持临终前的忏悔。他到医院后听到了这样一段话:"我喜欢唱歌,音乐是我的生命,我的愿望是唱遍美国。作为一名黑人,我实现了这个愿望,我没有什么要忏悔的。现在我只想说,感谢您,您让我愉快地度过了一生,并让我用歌声养活了我的 6 个孩子。现在我的生命就要结束了,但死而无憾。仁慈的神父,现在我只想请您转告我的孩子,让他们做自己喜欢做的事吧,他们的父亲是会为他们骄傲的。"

一个流浪歌手,临终时能说出这样的话,让乔治神父感到非常吃惊,因为这名黑人歌手的所有家当,就是一把吉他。他的工作是每到一处,就把头上的帽子放在地上,开始唱歌。40 年来,用他苍凉的西部歌曲,感染他的听众,从而换取那份他应得的报酬。他虽然不是一个腰缠万贯的富豪,可他从不缺少生活中的快乐,因为他有着一颗容易满足的心。

乔治神父在一次演讲中讲到了这件事,他总结道:"原来最有意义的活法就是做自己喜欢做的事,并从中发掘到一颗容易满足的心灵。"

一味地被欲望牵制,不知满足,就这样不知不觉地把自己淘空了,只能换来一世空凉。

一位得知自己即将离开人世的老人,在日记中记下了这段文字:"如果我可以从头活一次，我要尝试更多的错误，我不会再事事追求完美。我情愿多休息，随遇而安，处世糊涂一点，不对将要发生的事处心积虑地计算。可以的话，我会去多旅行，跋山涉水，更危险的地方也不妨去一去。过去的日子，我实在活得太小心，每一分每一秒都不容有失误，太过清醒明白，太过清醒合理。如果一切可以重新开始，我会什么也不准备就上街，甚至连纸巾也不带一块。如果可以重来，我会赤足走在户外，甚至整夜不眠。还有，我会去游乐园多玩几圈木马，多看几次日出，和公园里的小朋友玩耍……只要人生可以从头开始，但我知道，不可能了。"

老人一生都在角逐名利，机关算尽，斤斤计较，占尽别人的便宜。他的时间都耗费在与那些社会名流打交道上，只知道让他的家人共享他的金钱，却不愿和他们和谐地共度一个美好的夜晚。

选错了目标的人，全浪费大好时光。

他死前才开始明白，他用金钱维系的家庭早已经千疮百孔了，尽管看起来依旧那么的富丽堂皇，他的年轻美貌的妻子常去幽会情人，他的儿子在他病入膏肓时还流连在赌场不肯出来，他只有靠一篇篇日记来消磨他的最后的时光。医生已被他请走，他要保持"死者的尊严"，不想让一个外人看着他可悲地离开；他也没请神父，因为他健康的时候从来没去过一次教堂做忏悔，更没施过一块钱。他是个地地道道、彻头彻尾的商人，活在尔虞我诈的商场,他曾经倾尽全力、亲力亲为,弄得自己心力交瘁。为此,他总是能找到借口自我安慰:"商场如战场,我身不由己呀!"直到临终一刻老人才彻底觉悟,只剩下空悲切的份了。在时光的沙漏里,流出去的沙子永远装不回去。奉劝朋友,请珍视时光里沙漏中的每一粒沙,选择自己的活法,用一颗容易满足的心精心装点美好的生活,不可等沙子漏光再追悔莫急。

03　走自己的路,掌控自我人生

阿利盖利·但丁的《神曲》中有一句名言:走自己的路,让别人说去吧。这句话常用在不被人理解时自我心态的调节,的确是这样,一味地在意别人的态度,会使自己失去原有的工作和生活准则,让自己陷入不必要的痛苦和烦恼之中。

有一个故事:在一个炎热的日子里,爷爷带着孙子和一头驴走过满是灰尘的街。爷爷骑着驴,孙子牵着它走。"可怜的孩子,"一位路人说道,"这个人怎能心安理得地骑在驴背上?"爷爷把这人说的话记在心上,他从驴背上下来让他孙子骑上去。但没走多远,一位路人的声音又在耳边响起:"多么不孝啊!这小家伙像国王一样骑在上面,而他可怜的爷爷却在后面跟着跑。"这句话显然地伤害了小孩,他要爷爷坐在他的后面。"你们谁见过这样的事,"一位戴着面纱的女人说道,"这是驴又不是马,两个人还一起坐在驴背上。这可怜的驴子的背正在下陷!"不用说,被批评的对象只好从驴背上爬下来。但是,当他们徒步走了几步后,一个陌生人对他们开玩笑地说:"谢天谢地,我才不会那么蠢,为什么你们俩赶着驴走,它却不能为你们效劳?为什么不让你们当中的一个骑着走?"爷爷抓了把草塞进驴子的嘴里,把手放在孙子的肩上说道:"不管我们怎么做,总有人不称心,我想我们自己应该知道什么才是对的。"

　　这个故事告诉我们，走自己的路，不要理会别人怎么说。因为即使对同一件事，也是智者看智，愚者看愚，不管你怎么做，总会有人反对，有人支持。保持本色，你才活得轻松自在。

　　照他人期望的模式生活，牺牲真正的自我，是天底下最愚蠢的事。你要记住：最后为你的一生"付账"的只能是你自己，何必太在意他人的看法，让他人来左右你的人生？世上许多人，多数人因太过在意世人的批评，而受亲朋好友等的影响，无法过自己想要的生活。一辈子都在扮演"别人希望的角色"。人不可能是完美的，即使你做得再好，也无法达到每个人的要求。人生充满艰难险阻，能在困顿中学会良好的适应之道，便能迈向成功。

　　"人在风中走，难免身着沙"。一个人处在一个群体中，不可能不被议论。我们既是别人的谈论话题，也是谈论他人的一员，因为你的生活范围决定了你行为和结果的内容。每个人的命运都掌握在自己手里。只有坚定心中的信念，确立人生的远大目标，积极进取，努力奋斗，不因外界的影响而改变，才会取得成功。

　　有两个人，一个是家世显赫的青年，另一个则是一贫如洗的教师。家底殷实的青年非常神气，他为自己的祖先和富有而自豪，并向教师趾高气昂的吹嘘。教师听后，毫不自卑地回应说："原来你是那样伟大祖先的后代啊！可是你要明白，你也许是你们家族的最后一个人，而我却是我们家的祖先。"

　　教师的意思是说，尽管你很富有，但你不过是靠着显赫的家势，并不说明你有多大的本事；我尽管现在一贫如洗，但我只要努力奋斗，我们的家族就可能因我而开始富裕。最重要的是靠自己。如果这个教师听信了那位青年的话，他以后的生活会是怎么样的呢？

　　可想而知，他会永远的记住，并用它来约束自己，带来的自卑感也会随之加深。不要让别人的话左右自己的人生。如果让它们渗入你的身体，折磨你的神经，腐蚀你的信心，那你真是太傻了。老子云："不与之争之争,故天下莫能与之争。"只要做好自己的事便问心无愧。

　　如果没有做错事情,你就不必担心别人怎么想。挺起胸膛,让众人的挑剔成为激进你的力量。"时间能证明一切"。让你日后的行为为你证明吧,行动胜于一切语言的表白,时间会让你的形象比以前更加高大,更加坚实。

　　有时候,人需要执著和一点儿固执。要相信自己,任何人的成功都会伴随着一些坎坷,凡是有所成就的人,他一定在某些方面有所失,而他的行为也常常不被众人所理解。行走在通往成功的道路上,你会发现,当你取得成绩时,不了解你的人,不会在意你的努力。这时你不用着急,许多成功人士经常被赞美的地方,往往是在他成功之前最受攻击的地方。例如你,思维独特,在成功之前被认为是异想天开,甚至说你精神不正常;在你成功之后呢,则被认为是奇思妙想,甚至说你是天才。要想人人都理解你,是根本不可能的。你要做的是,不要去理会,用实力改变他们的想法。

　　伽利略否认亚里士多德的理论,在当时人们看来是极为荒谬可笑的,他们一直认为亚里士多德的理论就是真理。可伽利略却执著地认为他错了,并且用事实证明了自己的正确。他的成功在于他的坚持,没有让外界的言行干扰了自己的决定。在生活中我们也要如此,既然知道自己是正确的，就没必要再有顾虑。不管别人如何评价，要相信事实胜于雄辩。

一个人不能脱离群体而独立存在，就想办法与周围的人融洽相处，最重要的是真诚。当他们工作中有困难时，你应该在你能力范围内及时予以帮助。如果你置之不理，冷眼旁观，甚至落井下石，那样你们之间的关系永远是冷漠的；当他们遇到问题需要询问你的意见时，用你的所知所懂告诉他，即使说的不好或并不适用，他也会被你感动。如果今后他有求于你时，你应该不计前嫌并毫不犹豫地帮助他。

有人会说："我为什么要这样忍辱负重，那样一点个性都没有。即使我这样，他们还议论我怎么办？"你应该让宽容的心包容一切。你是他们的同事，除了睡觉你每天的大半时间都是跟他们在一起。如果不与他们处好关系，整天郁闷不堪，那意味着你失去了一天中获得快乐与满足的大部分时间。在办公室里，如果同事们都寡言少语地对待你，你的工作热情和信心一定会受到影响。所以，当有人在背后议论你时，你最应该做的就是调整自己的心态，

静下心来想一想，是否自己也有做的不妥的地方，发现后迅速改正，让所有的议论声在时间面前消失。客观理智地对待他人的背后议论有助于树立自己的好形象，有助于事业的成功。

04　慢慢走，赏一路风景

养生之道在于一张一弛，琴弦绷得过紧会断掉的，人也一样，不能始终处在劳累之中。

现在人的生活方式可以用"疯狂"两个字来形容。无论是工作、教育孩子、做家务，有些人还参与社会活动、健身运动、慈善活动等等，都让我们忙乱不已。我们都希望能十全十美，做个好公民、好伴侣、好父母、好朋友。只要有可能，我们还希望生活中有点意外刺激。问题在于我们每个

断 舍 离

人一天只有 24 个小时,我们能做的事就只有有限的那么多。除了这些之外,现代更有许多推波助澜的工具,例如科技与更高层次的发明。电脑、高科技产品的发明使我们的世界"缩小"了,相对的,时间也不够用了。我们做任何事都比以前快多了,也使我们都变得没有耐性,任何事都要速成。有一些人,不过在快餐店中等了三分钟就大呼小叫,或是电脑开机的过程慢了一两秒就等不及了。有些人在等红绿灯或飞机晚点时急得团团转,完全忘了我们现今所搭乘的交通工具已经非常舒适又快捷了。我们的生活已经变得越来越好了,着急的时候,抬头看看天。一味地赶个不停,会让自己无法在所做的每件事情中获得快乐与满足,因为我们的重心不在此刻,而是在下一刻,所以难免总是有点力不从心的感觉。

保持在清醒状态比让自己保持清醒还重要。那会带给我们生活丰富的感受,是平时急急匆匆时所感受不到的,会带来神奇的效果。保持清醒的状态不但带来许多的好处,同时能让我们体会到真正的满足感。

其实,大部分人都在获得成功:找到了较好的工作、打赢官司、公司的职位上升、有一个幸福的家、假期旅游或任何好事临头,这些都是生命中的好事,也可以一直将焦点集中在这些大事上,做完这件做那件,好了还要更好。也许你在追求更好更多的同时,丧失了从日常生活中获得快乐的机会——开心的笑容、欢笑的孩子、简单的善行、与爱人共享晨曦落日,或是一起欣赏秋天的树叶如何改变颜色等等。如果一天做六件事,却因为时间不够,每件事都匆忙潦草地做完,倒不如一天只做三件事,让自己从容不迫地做好每件事,使自己有心情享受生活中点点滴滴的小事。当然赶时间有时是生命的一部分,是不可能完全避免的,有时在同一段时间还可能要应付几个人,无论如何,这样的情形都有个人的因素。如果警觉到自己有急匆匆的倾向,就慢下脚步来,抬头看看天,想想生活中美丽的小事,让自己的心平静下来。如果能放慢脚步,即使只是慢一点点,你就会发现许多单纯的快乐。

生命中最美好的事很多都是最简单的,虽然不都是免费的,但大多数

是免费的事。用不着怀疑，找到一种单纯的快乐能让你的生活更愉快、更平静。

　　简妮就有这种单纯的快乐，并足以作为典范。每一年，她都会在后院种几株玫瑰，那种紫红色的。没见过有谁像她那样热爱玫瑰的。一天中有好几次，她会走去看这些花，有时嘴上还会说："谢谢你们长得这么美，我喜欢你们……"她用爱心浇水灌溉这些有如奖赏的花。时节到了的时候，她会将花剪下来，放在家中，让每个人欣赏。有朋友来时，她会送他们一束玫瑰花，这也让她和朋友分外满足。你可以想象得出，这个单纯的快乐不只是让自家院子或房间美丽，更使得朋友的生活非常快乐，那种价值绝非一束花所能比拟。从某个角度来说，那些花就有如她生活中的守护神一样，她渴望看到它们、照顾它们。当她想到花儿时会微笑，相信花儿让她保持了洞察生命的能力。她并不会将这种单纯的快乐当作鼓舞任何人的动机，但她看到它们在周围人身上也有了很好的影响。人们懂得她是为了某种单纯的事而快乐，看得出她的感恩心情，使他们拥有了同样的感恩心情。

　　简妮也有忙碌的工作，但她努力不让自己像陀螺一样"疯狂"地转个不停，而是懂得忙里偷闲。其实，静下心来想想，每个人都会找到一些单纯的快乐。例如，在灯下捧一本喜欢的书，一个人静听自己喜欢的音乐，到附近的公园走走,坐公交车给身旁的人让个座,这些简单的事都能带给我们快乐。我们享受的快乐越多,越能有达观的胸襟,活得越有滋有味!

从"疯狂的忙碌"中解脱,每个人至少能找到一两件单纯的快乐。无论是和老朋友聊天,或散步、兜风,甚至逛商店,对你都有非凡的意义,你的生活品质也会因此提高。

不要不顾一切一味地努力前冲,要时常停下来,反省我们的方向是否正确。事业不能仅靠拼劲,还需要停下来思考。休息是为了让我们的灵魂能够追得上我们的身体。

身心过于劳累,不懂一张一弛之道,就是把心灵与身体割裂开来,心中的罗盘必将失灵。此时,无论你付出多少,也会因茫无目标而徒劳无功,身体反而会被无数的困扰所埋葬。

05 分享,让你获得更多

汉斯帅极了。外形俊朗,风度翩翩,脸上还时常挂着笑容,工作也极为认真尽责。但是他的朋友少得可怜,他自己不知道问题出在什么地方,他周围的人也说不清楚自己为什么不喜欢他,尽管他并不招人烦。揭开谜底的是下面的这段对话:

心理医生:"你认为自己与众不同吗?"

汉斯:"某些地方是这样的。"

心理医生:"是因为你才华横溢,长相出众吗?"

汉斯:"才华横溢倒谈不上,应该说我长得还不赖。"

心理医生:"所以,你觉得大多数人不如你。"

汉斯:"不全是这样,不过可以这么说。"

心理医生:"但是你的工作不是由长相来完成的。你的能力并不比别人强多少,仅仅因为'长得不赖',就有了优越感,只爱自己不爱别人。反

过来想,你愿意和这样的人交朋友吗？记住:滥用出色的外表只能给你带来烦恼。"

我相信汉斯后来一定交到了很多朋友。因为他的好心态引领他在需要的时候及时求助能帮助自己的人,而不是一味沉溺于似是而非的良好感觉中。并且汉斯从医生那里找回了两颗心:一颗是平常心;一颗是爱心。平常心让他放低自己,不因为自己的某一个出众之处就去漠视别人,应该肯定别人的存在价值,关心别人,并认为他们很重要;爱心是让他以爱换爱,少爱自己,多爱别人,如此交换的结果是很多人给予他的爱取代了他一个人给予自己的爱,最终他成了拥有爱的富豪。

潇洒帅气的汉斯没有因为他的容貌而让别人更爱他,让他赢得众人青睐的是他那颗关爱他人和与人为善的爱心。因此,扩大自己优势的最佳方法之一就是爱更多的人。

如果人人都能像汉斯那样及时发现自己的缺点并尽快改之,最终使自己和别人同时受益,那我们的生活该是多么美好呀！但是偏偏有些狭隘之人,拼命抓住自己的一点点小优势不肯与他人分享,最终使之变的比常人更差。

汤因莱斯是个胸怀大志的农民,他从小就渴望成为本地最大的农场主,因此他不断地学习农业科技。科学种田的结果是每次他都能把收获的庄稼卖上好价钱,然后再用挣的钱去收购更多的土地。最近他又买了

一块地,而且价钱很低。因为卖地的人并不是很懂农业知识,因而认为这块地长不出好庄稼。但汤因莱斯却知道这块地非常适合种玉米。于是他四处打听哪里可以买到优质玉米种子,再买来一些种上,结果收成甚丰。他的邻居们既惊诧又羡慕,后悔自己没有买到这么好的种子,包括已经卖地给他的那个人也后悔得不得了。那些农民都请求他卖些新种子给他们。可是汤因莱斯怕失去竞争优势,断然拒绝了。第二年,汤因莱斯再用新种子播种的玉米收成并不太好,不过仍然比其他的农户们的玉米地产量高,所以,也还是有人向他求购种子,他还是毫不犹豫地拒绝了。当第三年的收成更进一步减少时,汤因莱斯终于坐不住了,他找到向他推荐种子的农业专家质问,那位专家从头到尾听了汤因莱斯的讲述之后,遗憾地告诉了他真正的原因。原来,并不是种子不好,而是他的优种玉米接受了邻人田中劣等玉米的花粉,已经无法结出优质的玉米了。汤因莱斯的教训不谓不深刻,因为他本来可以通过其他人来扩大自己的优势。他在拒绝别人的时候,却没有意识到他拒绝的实际上是对于自己更有利的结果。而我们应由此想到更多。一个人如果不懂得与别人分享利益,最终吞下苦果的将是他自己。

所以,无论在容貌上还是其他方面,任何优越的条件与环境都不是绝对的,当你的优点与优势只属于你自己时,你最终收获的并不一定是最好的结果。当你真正做到把自己的优点与优势充分与别人分享时,绝对是一件值得恭喜的事,因为你已经具备了帮助自己成功的好心态,也一定会有意想不到的收获。

06 大声说出爱，温暖周围世界

名作家哲斯特顿说过:最无聊的畏惧是怕伤感多情。人们因为怕人看见自己脆弱的一面,就装作无动于衷的样子来掩饰内心情感。心里想说的是"万分感激",口头上却只是轻轻道一声"谢谢你";心中的感想是"此时一别,不知何时再相逢",但是表现出来的只是无足轻重的挥手"再见"。

许多人以为冷漠和不显露感情为成熟的标志。实际上,压抑着情怀,就像是生活在一个没有酒、没有音乐,或是没有炉火温暖的世界中。因为人有感情,让萍水相逢的两个人成为挚友,让人在无意中收获了很多受益终生的东西;因为有感情,才能成功地建立婚姻和家庭。婚姻必须有感情,就像是做生意必须有信誉。那是一种不可捉摸的因素,却比任何实际条件更有价值。温情从不会破坏婚姻,与之相反,平淡冷漠很容易使婚姻瓦解。

几乎每种有益于人类的进步,都有某一方面的感情力量为推动力。发现胰岛素的班亭医生,出身加拿大农家,小时候有个亲密伙伴——唐娜,和他一起踢球、爬树、溜冰、赛跑。有年夏天,唐娜忽然不能和他玩了,她的"血中有糖",竟然卧床不起。班亭始终耿耿于怀。后来他学成行医,立志济人。因为他对她有那一份情感,今日千百万糖尿病患者才得以生存。

只有小人才怕暴露真实的感情,而有所作为的人对内心的温情毫不掩饰,恰似对美好的事物或美好的生活一样。诗人爱默生的娇妻去世,他每天到她坟上去凭吊,两年如一日。作为一位文坛伟人,似乎很难被普通

断 舍 离

人亲近,可是听他讲演的人都觉得他十分亲切。一个村妇在听他讲演之后说:"我们都是思想简单的人,可是我们听得懂爱默生先生的话,因为他直接对我们的心说话。"

罗斯福夫人艾莲娜有一次心有所感,向经济学家巴鲁克请教,她说:"我的头脑叫我做,可是我的内心叫我不要做,我该怎么做?"巴鲁克的劝告是,"有疑问时,遵从你的心。如果因为遵从你的心而做错事,不会觉得太难过。"

大人物都不怕真情流露,我们为什么要怕? 之所以怕,是因为我们从小就局限在生活的框框里成长。大家说:在事业上不宜动感情;科学没有感情;对自己也不可温柔多情。一定要把自身中最温暖、最好的一部分压住藏起,这想法实在是太没有价值了。

人怎样才能使感情蓬勃? 怎样才能恢复似已消失的深情? 首先要问问自己。下次你再要抑制温暖和蔼的情绪时,应该反躬自问:我为什么不流露我的真情? 我怕的是什么? 这样做,是出于真诚,是故作老成,还是怕人说长道短? 当然,不适当地过分流露感情并不可取,但更重要的排除猜忌怀疑,不装模作样,应对生活中亲切感人之事有所反应。

也许给自己找的最多的借口是没有空闲,分秒必争的急促气氛与温柔的情怀格格不入。实际上,抽出一些时间来做那些"看来没有实际价值"的小事,却往往能够美化自己的生活及心灵。例如给远方很久不见的朋友写一封问候怀念的信,或是送人一点小礼物表示感谢等。

时间是一定有的,问题只在如何利用。从前在某个乡村教区内,一个农民的妻子死了。她是个贤妻良母。儿女长大成人后各自离家独立,她伴着生性乖僻而沉默寡言的丈夫生活了几年,有一天在洗衣服时突然死去。在葬礼上,她的丈夫没有流眼泪,在走向坟场时,他也没有伤痛的表情。但是葬礼完毕之后,他迟迟不走,等着和牧师说话。他把手中拿着的一本破旧小书递给牧师,伤心地说道:"这是一本诗。她喜欢诗,你能替她念一首吗? 她总是要我和她一起念,我总说没有空,田里每天都有事要做。不过现在我明白了，一天不下田，并没有什么了不得。"大概非到太迟的时候，我们不会知道应该如何利用时间。多和家人交流，经常肯定和感谢对方为家庭所做的一切，一定更有利于和谐相处。如果这个农民早一点改变心态，早一点懂得流露感情，早一点说出自己的感激之情，他就不会留下如此深的遗憾。

爱人为你沏一杯热茶；邻居雨天帮你收起衣服；同事帮你将工作做得很好……面对这一切，你想过惜福与感恩吗？你吝啬过你的赞美之词吗？

有一个农妇在劳累了一天之后，为家里干活的几个男人准备了一大堆干草当晚餐。恼怒的男人们问她是不是疯了，农妇答道："嘿，我怎么知道你们会在意呢？二十多年来，我一直做饭给你们吃，你们从没说过什么，也从来没有告诉过我你们并不吃干草啊！"

在美国曾有人做过一项对离婚妇女的调查，在对家庭生活不满意的众多原因中，比例最高的一项就是"没有人领情"。你相信吗？许多对家庭不满的男人也许也有同样的理由。虽然我们也常常心里感谢他（或她）为我们所做的一切，却从来没有说出或者不懂得如何说出自己的感激之情。不知道适时表达出自己的赞美之情是我们经常忽略的一个毛病。众所周知的著名人际关系专家卡耐基也把它列为人性的一大弱点。

在简单而丰富的日常生活中，其实只要我们稍微在意的话，很多东西都是值得赞赏的。女儿从学校里带回一份考得不错的成绩单，我们应该赞赏她，这样她会继续努力并对自己充满信心；妻子买了一件新衣服，我们应该赞赏她的眼光，这样的话，她穿起来的时候就会觉得既漂亮又迷人；当疲惫的店员耐心地拿出货物让我们一一挑选的时候，我们也应该称赞他们优秀的服务态度，她工作起来就会更有劲……但是，遗憾的是，人们常常在这个时候，认为所有的一切都是理所当然，说不出一句赞赏的话来。对这个美德的忽略，会让我们的生活不完美，因为你失去了很多别人感激你的机会，你也就失去了很多心里满足的那种快乐。

所有的这一切，看起来每个人都在做着自己应该做的事而已，没什么值得特别关注的，这种想法不能说是错，但至少是不完全正确：我们忽略了他人的努力、热情与进步，没有促进事情向更好的方向去发展。按照弗洛伊德的说法，一个人做事情的动机不外乎两点：性冲动和渴望伟大。美国哲学家约翰·杜威认为：人类本质里最深远的驱动力就是"希望具有重要性"。

在社会的大网中，我们每个人在各自的岗位上织着自己的那根丝。你在使这张网更完美，同时也在享用完美的网给你带来的便利；你需要得到赞美和肯定，别人也是这样，如果大家都吝啬的话，结局就是谁也不付出谁也得不到，那有多么可怕！所以，何不发自内心，真诚地流露情感，经常对他人施以赞美之词？要知道，你说出的只是一句话，享受它的人却得到了整个春天。

07　理智应对，让流言蜚语随风而去

这是一个关于心理暗示的实验：心理学家将6个人分成两组，每3个人为一组。两组人员分别给同一位女士打电话。但事前告诉第一组的3

个人说：对方是一个呆板、枯燥、冷酷、乏味的人；告诉第二组的 3 个人说：对方是一个活泼、开朗、热情、有趣的人。结果，发现第一组的 3 个人与对方的交谈很短也很不顺利，甚至其中一名组员差点和对方起了争执；第二组的每个人都与对方谈得很投机，通话时间也比第一组的时间长。

在这个实验里，两组人员面对的是同一个人，对象没变，但却得出了截然相反的结果。这就是心理暗示的威力。它使人产生了事先的预期或看法，这看法又决定了人的交往心态，而人的心态又使人的语言信息和非语言信息都受到了事先暗示的影响。在这样的连锁反应面前，一般很难迅速做出并且运用自己的正确判断，于是，人轻易地成了心理暗示的俘虏。

培养成功社交心态的第一大忌是抱守成见。而这成见直接来自别人不负责任的心理暗示和你自己不成熟的第一印象。作为一个坐标与基准，这些成见会影响到你对对方以后一切言行的判断。如果你的社交心态确实如此的话，天知道你会得到什么或失去什么。但有一点可以肯定的是，你的朋友会越来越少。

培养成功社交心态的第二大忌是防止自动出局。生活中有一个有意思的现象，就是越是优秀的、有才能的人越容易遇到恶意的指控、陷害，更经常会遇到种种不如意。有的人会因此大动肝火，甚至完全失控，最终遂了害人者的意，把事情搞得越来越糟，以至在对手面前判了自己的"自动出局"。而有的人则能很好控制住自己的情绪，泰然自若地面对各种刁难和不如意，使自己立于不败之地。

霍华德出生在上个世纪30 年代早期的美国，经过一番奋斗，成了一位很有才华的大学校长。在亲友的怂恿下他准备竞选州议员，而且看起来很有希望赢得选举的胜利。但是，在选举的过程中，有一个很小的谣言散播开来：在他任教务主任期间，曾跟一位年轻女教师"有那么一点暧昧的行为"。这实在是一个弥天大谎，霍华德对此感到非常愤怒。由于按捺不住对这一恶毒谣言的怒火，在以后的每一次聚会中，他都要站起来极力

澄清事实,证明自己的清白。其实,大部分的选民根本没有听到过这件事,但是经过他的一再申辩,现在人们却愈来愈相信有那么一回事,真是愈抹愈黑。记者们也振振有辞地反问:"如果你真是无辜的,为什么要百般为自己狡辩呢?"如此你来我往的问答决不亚于火上浇油,使得霍华德的情绪变得更糟糕,也更加气急败坏。于是,戏剧性的场面出现了:只要有机会,霍华德一定声嘶力竭地在各种场合下为自己解释并谴责谣言的传播者,反而没有机会提及自己的竞选纲领和措施,给了对手可乘之机。然而尽管如此,却更使人们对谣言信以为真。最悲哀的是,连霍华德太太也开始转而相信谣言,夫妻关系因此受到影响。霍华德在谣言面前的"自动出局"导致了竞选的惨败,使他从此一蹶不振。

作为一个社会人必须懂得顺应环境,这种顺应并不等于完全屈服,而是不惜多做些迂回甚至退几步,目的只在于取得最后的胜利,而不是莫名其妙地"自动出局"。请牢记:在各种非难面前唱主角的该是你的理智。

08　坚定了目标,就要执着前行

埃斯顿和劳迪已经结婚十年了,但他们的感情却宛若新婚,令周围的朋友羡慕不已。埃斯顿在工作之余总是主动地分担家务,忙碌之后,两个人总是互诉衷情：埃斯顿非常感激劳迪给了他想要的生活；劳迪也无限憧憬能换到一所大房子里住，那样她将更幸福。劳迪的无心之语成了埃斯顿的心病。他跟自己的好朋友力兹聊天时说出了心中的渴望：想买一所大房子送给劳迪，作为结婚十年的礼物。

"那你还等什么呢？"力兹问。埃斯顿沉思着回答："我还没有存够这笔钱。"力兹马上回答："我们周围有很多人生活得不开心，因为他们不知道自己想要什么。你知道你想要什么，没存够钱又有什么关系呢？你有没有试着多走一些路呢？"力兹的话启发了埃斯顿，他立即行动起来。

一个多月之后，力兹被邀参加埃斯顿夫妇的十年婚庆。当他按照地址找到埃斯顿夫妇的新家时，劳迪迎上来兴奋地说："我想做的第一件事就是感谢你。"看到力兹的不解，埃斯顿解释说："我听了你的话，多走了一些路，买了这所新房子。"力兹仍在疑惑地摇头，埃斯顿接着说，"你应该知道，我的存款很有限，而这个房产的价值超过了 50 万元。但我多走路的结果是：不但得到了新房子，而且住在新家的费用比住在旧家的费用还要少些。"

"这是为什么呢？"力兹忍不住问。

"是这样，我抵押了旧房子得到资金，然后买下两层房间，当然在财产上它相当于一所房子。然后再将其中的一层租出去，租金足以偿付整个房产的分期付款。"

故事并不惊人，一个家庭买了两套房，出租一套，自住另一套，这是很普通的事情。但它却有力地说明了：如果你想获得你想要的东西，就要积极准备，一旦看准了目标就立即行动，并且要勇于"多走些路"。

如果你有值得追求的目标，你只须找出达到这个目标的一个理由就行了，而不要去找出你不能达到这个目标的几百个理由。你的思想决定你的心态，你的心态也就决定了你的目标是否能够实现。

09　铭记责任，珍视婚姻

对大多数人而言，拥有豪宅、名车和挚爱的伴侣是世间最吸引人的事情。事实上，吸引人的东西之所以吸引人，它的对象不光是对它充满了渴望的人，而是对于所有的人都会有一种心理撩拨的作用。婚姻是双方长相厮守的承诺，但许多时候，各种机缘巧合，会有一位非常迷人的异性进入我们的视线或生活，这个时候就需要你有足够的智慧去分辨这样的目标会不会是一个危机四伏的诱惑。

有一部好莱坞大片叫做《桃色交易》，片中讲述的是一对年轻夫妇的爱情故事。这对夫妇本是令人羡慕的一对，男的英俊潇洒，女的温柔漂亮，他们都受过很好的教育，有着不错的职业，两人非常恩爱，为了小家庭而努力工作。然而天有不测风云，经济大萧条来了，他们先后失业，一个月后，也将失去他们分期付款的房子。就在此时，一位亿万富豪闯入了他们的生活，这位富豪风度翩翩，优雅迷人，他对貌美如花的女主人公一见钟情，提出愿出 100 万元来与她共度一个良宵。起初，这对夫妇毫不犹豫地拒绝了他，但随后却陷入巨大的矛盾之中：就一夜，即可彻底摆脱目前所有的困境，而且在婚前又不是没有过别的约会……最后女主人公去了富豪的游艇……

但在这一夜后，俩人无论如何也找不回原来恩爱的感觉，再没有从前的默契，心里都有一种失落感。是女人为家庭做出了牺牲还是没有经受住诱惑？答案已经无法深究。两人分手了，那 100 万元也没有带来他们渴望的喜悦。当然，影片的结尾是两人经过一番波折后，又重归于好，因为他们仍然深爱着对方。

如果我有100万美元，我将怎么办？

这种"桃色交易"只是电影中的一个故事而已，但不可否认的是，现实生活中我们也会有毫无预料的情况下经受婚姻外诱惑的考验。我们彼此深爱着对方，但却有位新的异性吸引了我们的目光。这种吸引是否正常？是否道德？应该说，这种吸引是正常人的正常反应。吸引毕竟只是一种心理上的反应，它使我们产生了一种对美好事物追求的幻想。但千万不能随便把这种幻想当成可以达到的目标而不顾一切地追求，这种追求是盲目的不负责任的，尤其在婚姻感情方面，因为一时情绪冲动做出有违社会道德的事，是非常愚蠢的。结婚是一种事实，但是它不会使我们深藏的人性完全隐匿起来，对于美的追求，对于刺激的向往都是时常可能发生的事情。尽管一个人可以被成千上万不同的人挑逗，例如，很多人会因为看到自己喜欢的电影、喜欢的明星而感到兴奋，但是大多数人绝对不会为享受这种情欲的幻想而毁了自己幸福的婚姻。作为婚姻的另一方，也应该对这种情绪的产生有所准备。毕竟我们每个人不可能同时具备那些吸引人的所有要素，所以当自己的妻子或者丈夫产生这种幻想的时候，我们不要过于气愤和紧张，不要过度地干涉，而要充分相信自己，相信对方的理性，相信共同的感情基础。

世间流传着这样一个传说，即在很早以前男女是合体的，但是由于某种原因触犯了上天的神灵,被天雷劈成了两半。所以人的一生都在寻找他(她)的另一半,尽管路途遥远而艰辛,尽管有的人找到了,有的人没有找到。而电影和电视剧也常顺着这个思路不断地重复相同的情节:

　　有个特别的人在这个世界上的某个地方正在等着自己,当我们遇到这个冥冥之中注定要和我们在一起的人时,毕生的幸福就会降临在自己身上。当我们和这个人结合在一起的时候,我们不仅彼此深爱着对方,而且会忘了别人的存在,无视于别人的魅力。

　　这是一个多么幼稚的想法和逻辑啊!美丽动人的女人,英俊潇洒的男士都或多或少地会在我们心中激起一丝异样的感觉。只是人是有理性的动物,应该考虑自己的责任和做人的原则,不应像飞蛾扑火一样,为了一时的冲动,就可以做出不计后果的事来。你可以"恨不相逢未嫁时",留下一份美丽的遗憾,恢复你正常的生活;你可以把他(她)当做偶尔投影在你心波的云彩,珍藏那一美丽的瞬间,潇洒地挥手走人。当然,你也有权利重新选择,进行家庭的重新组合。你确信现在的爱人不值得你去厮守,你是否应抛开一切去找寻你的幸福?当另外一个吸引人的异性出现,你会不会再重新选择?即使你想清楚了,做出这样一种决定,也一定要正大光明地讲出来,万不可苟且行事。客观的诱惑是存在的,盲目的逃避是一种胆怯,频繁的追求是一种放纵。对爱要有一个正确的心态,要正视自己的婚姻,对自己及他人负责任。

184

10 欣赏孤独，成就卓然超群的优秀

很多时候，我们情绪低沉，郁郁寡欢，有人会因此向别人抱怨说自己陷入了寂寞和孤独。其实了解了孤独的真正涵义以后，我们就会发现，所谓的情绪低沉、郁郁寡欢，不过是无病呻吟式的郁闷，是永远不会也可能和孤独等同的。

多数人把孤独视为生命的苦境，但是请试着回顾人类历史的长河，试问哪一位天才人物不是孤独的呢？

人在小的时候，会因为孤独无靠而害怕，认为那是一种残酷的惩罚。即使长大以后，人们也经常是把孤独的状态归为不幸的原因。但是，我们想到过吗？由于亲友离去而意识到自己孤单地存在着，对比别人的方式而感到自己不同于他们，这不正是我们个体意识茁壮成长的标记吗？当我们投入芸芸众生之中的时候，能意识到自己是独立的人，具有与众不同的性格和风骨，这是多么难能可贵的幸运！

坚强的人欣赏孤独，懦弱的人害怕孤独。而后者总能导演出一幕幕平庸甚至悲惨的人生。一位温柔漂亮的姑娘与一位才华横溢的小伙子共坠爱河，因为小伙子家里太穷了，姑娘家里人就极力反对，认为他们门不当户不对，对姑娘软硬兼施，威逼利诱。姑娘在父母的压力下极力坚持，当小伙子知道自己爱的人为了他受到那么大的压力时，毅然地离开了姑娘。姑娘遭受重大打击后，万念俱灰，从此陷入了孤独，但她却因为缺乏人生历练，缺乏足够坚强的意志，最主要的是她缺乏欣赏孤独的智慧，于是很快便随意听从父母的安排，嫁给一位自己并不爱的花花公子。

当一个人情绪波动比较大或压力比较大时，仍然能做到冷静理智是一件很困难的事，这时候也是最危险的时候，因为我们可能丧失了清晰的分析能力，最容易做出糟糕、冲动的决策。而且，这种时候，人心底还会有

185

断 舍 离

一种尽快摆脱这种境地的渴望:我不想再这样下去了,随便哪条路,只要能摆脱现在就行。这位姑娘就做出了这样的失策之举。然而随着岁月流逝,在磕磕绊绊的婚姻生活中姑娘发现:她输给了自己,输给了她害怕孤独的不成熟的心态,结果使自己从一种伤痛走入了另一种永远无解的、更深的伤痛。

在各种情绪冲动下,我们极易做出后悔终生的傻事来,但受伤的却总是自己。所以,在情绪不好的时候,首先想到的是让自己冷静下来,保持心态的平和,要多接触积极的人和事物,要多读书充实自己。不要轻率地肯定什么或否定什么,要知道,人们是总乐于将一些情感、经历、精神进行分类,把其中的一类归于运气好,并为拥有它感到快乐;而另一类则被当做不幸,引以为深深的恐惧。但是,人们的许多看法是错误的,其中最突出的一例,便是对孤独的理解。

一篇哲思短语中是这样解释孤独的:一颗优秀的灵魂,即使永远孤独,永远无人理解,也仍然能从自身的充实中得到一种满足,它在一定意义上是自足的;一颗平庸的灵魂,并无值得别人理解的内涵,因而也不会感到真正的孤独。相反,一个人对于人生和世界有真正独特的感受,真正独创的思想,必定渴望理解,可是必定不容易被理解,于是孤独产生了。值得庆祝的是,最孤独的心灵,往往蕴藏着最热烈的爱,而且把爱由指定性的爱几个人升华为热爱人生,忘我地探索人生真谛,在真理的险峰上越

186

攀越高，同伴越来越少，直至最后成为屹立于天地间的孤绝。

有一个很好的例子，说明了孤独与卓越的内在联系。一位学生打电话给他的老师，说他很孤独。可老师知道他是一个才华横溢的学生，有良好的成绩和超强的活动能力，还有着许多朋友和追慕者。但他重复说着："我不寂寞，但我很孤独。"

事实上，孤独感是一种贵族化的情绪，不是庸庸碌碌的人所能拥有的。它是上天的赐福，是一种幸运。如果总是感到自己与别人的距离，特别是当你处在距离的前端，由此无人能与你进行直达内心世界的攀谈时，毫无疑问，你会孤独，但你却是优秀的。

大凡历史上的发明家，革命性的政治家，还有开拓性的实业家，都是内心深处的孤独者。他们大多在孩提时代就有深深的孤独感，并且在孤独中思索创造；他们从不四处申诉求告寻求理解，因为他们深知能够被人理解当然是幸运的，但不被理解也未必就是天大的不幸。只有庸人才把自己的价值寄托在他人的理解上面，那样的人以及那样的人生往往并没有太大的价值。拥有好心态的人既不怕寂寞也不怕孤独，因为寂寞是一种情绪，孤独是一种境界。人没有理由怕情绪，同样没有理由怕境界。所以睿智的人不屑于寂寞，但却懂得欣赏孤独，因为，成大业者多孤独。

11　得失一念间，洒脱视之

清代红顶商人胡雪岩破产时，家人为财去楼空而叹惜，他却说："我胡雪岩本无财可破，当初我不过是一个月俸四两银子的伙计，眼下光景没什么不好。以前种种，譬如昨日死；以后种种，譬如今日生吧。"胡雪岩的这种得失心当数"糊涂之极"，然而，失去的已经不再拥有，再去计较又有何用？所以，还是糊涂一点好。

人生的许多烦恼都源于得与失的矛盾。如果单纯就事论事来讲，得

断 舍 离

就是得到,失就是失去,两者泾渭分明,水火不容。但是,从人的生活整体而言,得与失又是相互联系、密不可分的,甚至在一定程度上,我们可以将其视为同一件事情。我们不认真想一想,在生活中有什么事情纯粹是利,有什么东西全然是弊? 显然没有! 所以,智者都晓得,天下之事,有得必有失,有失必有得。

山姆是一个画家,而且是一个很不错的画家。他画快乐的世界,因为他自己就是一个很快乐的人。不过没人买他的画,因此他想起来会有些伤感,但只是一会儿。"玩玩足球彩票吧!"他的朋友劝他,"只花 2 美元就可以赢很多钱。"于是山姆花 2 美元买了一张彩票,并真的中了彩! 他赚了 500 万美元。"你瞧!"他的朋友对他说,"你多走运啊! 现在你还经常画画吗?""我现在就只画支票上的数字!"山姆笑道。

山姆买了一幢别墅并对它进行一番装饰。他很有品位,买了很多东西:阿富汗地毯,维也纳柜橱,佛罗伦萨小桌,迈森瓷器,还有古老的威尼斯吊灯。山姆很满足地坐下来,他点燃一支香烟,静静享受他的幸福,突然他感到很孤单,便想去看看朋友。他把烟蒂往地上一扔——在原来那个石头画室里他经常这样做——然后他出去了。

燃着的香烟静静躺在地上,躺在华丽的阿富汗地毯上……一个小时后,别墅变成火的海洋,它被完全烧毁了。

朋友们很快知道这个消息,他们都来安慰山姆。"山姆,真是不幸啊!"他们说。

"怎么不幸啊?"他问。

"损失啊! 山姆你现在什么都没有了。"朋友们说。

"什么呀? 不过是损失了 2 美元。"山姆答道。

在人生的漫长岁月中,每个人都会面临无数次的选择,这些选择可能会使我们的生活充满无尽的烦恼和难题,使我们不断地失去一些我们不想失去的东西,但同样是这些选择却又让我们在不断地获得,我们失去的,也许永远无法补偿,但是我们得到的却是别人无法体会到的、独特的

人生。因此面对得与失、顺与逆、成与败、荣与辱，要坦然待之，凡事重要的是过程，对结果要顺其自然，不必斤斤计较，耿耿于怀。否则只会让自己活得很累。

俗话说："万事有得必有失"，得与失就像小舟的两支桨，马车的两只轮，得失只在一瞬间。失去春天的葱绿，却能够得到丰硕的金秋；失去青春岁月，却能使我们走进成熟的人生……失去，本是一种痛苦，但也是一种幸福，因为失去的同时也在获得。一位成功人士对得失有较深的认识，他说：得和失是相辅相成的，任何事情都会有正反两个方面，也就是说凡事都在得和失之间同时存在，在你认为得到的同时，其实在另外一方面可能会有一些东西失去，而在失去的同时也可能会有一些你意想不到的收获。

人之一生，苦也罢，乐也罢，得也罢，失也罢，要紧的是心间的一泓清潭里不能没有月辉。哲学家培根说过："历史使人明智，诗歌使人灵秀。"顶上的松荫，足下的流泉以及坐下的磐石，何曾因宠辱得失而抛却自在？

又何曾因风霜雨雪而易移萎缩？它们踏实无为,不变心性,方才有了千年的阅历,万年的长久,也才有了诗人的神韵和学者的品性。终南山翠华池边的苍松,黄帝陵下的汉武帝手植柏,这些木中的祖宗,旱天雷摧折过它们的骨干,三九冰冻裂过它们的树皮,甚至它们还挨过野樵顽童的斧斫和毛虫鸟雀的啃啄,然而它们全然无言地忍受了,它们默默地自我修复、自我完善。到头来,这风霜雨雪,这刀斧虫雀,统统化做了其根下营养自身的泥土和涵育情操的"胎盘"。这是何等的气度和胸襟？相形之下,那些不惜以自己的尊严和人格与金钱地位、功名利禄作交换,最终腰缠万贯、飞黄腾达的小人的蝇营狗苟算得了什么？

人生中,得与失,常常发生在一闪念间。到底要得到什么？到底会失去什么？仁者见仁,智者见智。不可否认的是,人应该随时调整自己的生命点,该得的,不要错过;该失的,洒脱地放弃。不以太过认真的态度计较得失,人生才能有更多的风景呈现。

12　痛苦着,快乐着

一个真正的艺术家,不仅善于享受人生中寻常的赏心乐事,而且还能达到这样一个境界,即一个享受痛苦的境界,痛苦越深,他从中获得的享受越多、越强烈。

痛苦真的可以"享受"吗？几千年来,人们为这个既诱人又令人困惑的问题绞尽了脑汁。最早对这个美学之谜进行完整系统研究的是古希腊的柏拉图。他在《斐列布斯篇》中通过苏格拉底与普洛塔库斯的对话第一次提出了痛感与快感的混合问题。苏格拉底认为,像愤怒、恐惧、忧郁、沮丧、哀伤、失恋、妒忌、心怀恶意之类的情感是人类心灵特有的痛感,但这种痛感又充满着极大的快感。他引出荷马《伊里亚特》中的"愤怒惹得聪慧者也会狂暴,它比蜂蜜还要香甜"来证明这个看法。但是他在解释这个现象时是含有错误成分的，因为他把人们看喜剧和悲剧时那种痛感夹杂着快感与"心怀恶意的人在旁人的灾祸中感到快感"这两种截然不同的感情混为一谈，甚至用后者的规律来解释前者，解释一切快感与痛感的混合。

无论何时，人类都应该感谢黑格尔老人，他的话虽然是研究宗教徒心理而不是直接谈艺术的，但却给了我们无限的启迪。黑格尔在《美学》二卷中曾透彻分析过宗教殉道者的心理，认为殉道者为了天国不惜忍受痛苦和死亡时，他们是把痛苦和对于痛苦的意识和感觉当做真正的目的，在苦痛中愈意识到舍弃的东西的价值和自己对他的眷恋，便愈发感到把抛弃它们这种考验强加给自己身上的心灵的丰富。

宗教殉道者的享受痛苦当然与艺术家的享受痛苦不可同日而语，有着本质上的区别，因为前者是舍弃人生，而后者却是最珍爱人生的。但是宗教殉道者的享受痛苦与艺术家的享受痛苦有着形式上的一致性。

当人们在人生道路上遇到挫折、感到痛苦时，一般人往往沉溺在痛苦中不能自拔，而一个艺术家却从痛苦中超越出来，他从痛苦的生活中获得了在平静的生活中无法获得的心灵的丰富，他感到他过了双倍的生活，他认为这才是人生的精华，正是他引以为幸、引以为豪的地方。例如小说《黑骏马》中的主人公的内心独白就典型地表现了这种奇特的享受：

直到如今，仍然有人认为，即使失去了这美好的一切；即使只能在忐忑不安中跋涉草原，知道找到自己往日的姑娘的希望渺茫，而且明知她已不再属于自己；即使知道自己只是倔强地决心找到她，而找到她只能重温那可怕的痛苦——他仍然认为，自己是幸福的。因为毕竟那样地生活过……哪怕现在正踏在古歌《黑骏马》周而复始、低徊无尽的悲怆节拍上，细细咀嚼着那些应该接受的和强加于自己的罪过与痛苦，他还是觉得，能做个内心丰富的人，明晓爱憎因由的人，毕竟还是人生之幸。

享受痛苦证明了无忧无虑和享乐哲学并不是真正的幸福。一个人无忧无虑，没有经过现实斗争的洗礼，只能说还处于精神幼年时期，这时的

断 舍 离

欢乐和幸福是表面的、脆弱的,正如卢梭说的处在自然状态的儿童所享受到的只是不完全的自由。而当一个人成年以后如果仍然养尊处优,无所事事,也只能算作精神上的儿童,这时他的无忧无虑将成为他内心不自由和痛苦的根源。

我国西汉文人枚乘写的一篇著名的赋《七发》,就很典型地说明了这种情况。楚太子长期生活在糜烂的酒色之中,他内心是不自由的,只有冲出宫廷,冲出帝制樊笼,去领略人生道路上的种种艰难,才能最终成为一个正常的人、优秀的人、内心丰富的人,才会觉得自己真正存在过。生活就是意味着感觉和思索,饱受苦难和享受快乐。我们的感觉思想所包含的内容越是丰富,饱受苦难和享受快乐的能力就越是强大和深刻,我们就生活得越好。一瞬间这样的生活,比醉生梦死、愚昧无知地活上一百年,要有意义得多。我们先得有饱受苦难的能力,然后才会有享受快乐的能力。不知道苦难的人,也就不明白快乐;没有哭泣过的人,也就不会感到喜悦。有些年轻人讲究享乐,但是他们不知道这样的一味追求感观享乐恰恰是以牺牲人生最崇高、最美好的欢乐为代价的。

享受痛苦的原理证明了中国式的"逍遥游"也不是真正的幸福。中国古代的老庄哲学主张绝圣弃智、无知无欲,主张成年人都返回到婴儿状态,主张无为,主张隐逸,退出熙熙攘攘的人世竞争,喜怒哀乐不入于胸臆,从中获得人与自然的和谐,颐养天年。这就是所谓的"至乐"。这种淡化生命意志的幸福观、至乐观在我国有着深刻的影响。

近年来,有不少学者对此也评价甚高。实际上,这是一种消极的幸福观、自由观。按照这种哲学获得的所谓"至乐"并不是真正的最高幸福,而是一种虚假的、至少是片面的不完全的幸福快乐,是一种囿于现实的、无可奈何的幸福。尊重自然规律,获得人与自然的和谐颐养天年当然也可以说是一种自由、一种快乐,但是这种自由和快乐只是人类全部自由的一部分,而且是相对不重要的一部分,而另一种人与人的矛盾的解决才是更重要的自由,何况天人合一、颐养天年,如果以退出人与人的矛盾为代价,那么这种自由本身也犹如建筑在沙滩上,是十分脆弱的,是经不起风浪考验的。

当然,我们讲的享受痛苦也并不是像采尼那样盲目崇拜苦难,自寻苦难。而是讲的:第一,要尊重社会自然的客观规律,即承认人生是无法回避苦难的;第二,更重要的是要善于超越这种苦难,从中获得解脱,要善于去享受这种苦难。这对于一个艺术家和一部文艺作品尤其重要。这是享受痛苦原理在艺术创作上对我们的又一启示,这个启示告诉我们:简单地表现苦难、暴露苦难并不能造就真正的艺术家和文艺作品。这里不要说那种明显缺乏艺术魅力的伤痕文学、暴露文学、问题小说,就是被一些人视为艺术高峰的现代派作品也常常是宣泄痛苦有余,享受痛苦不足。例如,波德莱尔开创的直接描写丑恶、描写死亡的创作倾向确实已走到了艺术的边缘,有的作品处理得好,可以使人获得享受痛苦的欢乐,读来颇有味道,但弄不好很可能就会背离艺术的根本宗旨,为丑恶而写丑恶,为死亡而写死亡,这样的作品常常只能有哲学上的意义,而很少有艺术上的价值。对那些具有积极心态的人来说,每种灾难所带来的痛苦都含有等量的或更大的成功种子。总之,享受痛苦确实是证明一个艺术家的价值的重要标志,但是要正确掌握这个本领,或者说要真正具备这种较高的艺术修养,并不是很简单的。也并不只属于有志于艺术,献身于艺术的青年们。

13　平凡不等于平庸,珍惜平凡中的幸福

有几次听见人说"我太平庸了!"不知道他是拿什么和自己相比较?和科学家比知识不足吗?和企业家比资产不多吗?和商人比头脑不够用吗?和某个男士比不够英俊潇洒吗?和哪个女士比不够美丽可爱吗?一个人想要集他人所有的优点于一身,是很荒谬的。

断 舍 离

一天深夜，心理学家的电话铃突然响起，教授拿起电话，电话那边传来一位男士的声音，那声音气喘吁吁，急不可待："老师，您一定告诉我应该怎么办……"原来，这位男士和教授住在同一幢楼。当晚，他发现儿子仿照他的笔迹在试卷上签名，因为那张试卷的分数不及格。他怒不可遏，拿碗就朝儿子摔去，妻子本来也生儿子的气，见他失常打儿子，又同他争吵起来，儿子负气深夜离家出走了，他担心儿子出事，更担心15年的婚姻出现伤痕，惶惑极了。"我打儿子我也心疼啊！这么晚了我也担心他，可是'严是爱，松是害'啊！我这辈子就是太平庸，太没有出息了，在人前老也抬不起头。不能让儿子以后也走上我这条路，那时后悔就晚了啊！"这位父亲在电话那头唉声叹气，原来症结在这儿！

这位父亲的经历和大部分同龄人相似，他和妻子都没有上过名牌大学，从事的职业也不是热门，由于他属于老实巴交、沉默寡言、小心谨慎的那种人，同时也没有什么突出的才能与技术，公司减员时，因他多年勤勤恳恳地工作，小心翼翼地做人，出于照顾，没有让他下岗，这种照顾，他不知道应该高兴还是应该羞愧。他也有过"下海"的念头，可考虑到他自己不善交际，又放弃了这个想法。当他看着以前的同事、朋友，升官的升官，赚钱的赚钱，买楼买车，他为自己不能送儿子去贵族学校念书而羞愧，也为不能带妻子出入各类高档的商场而有愧。他的这种心理状态随着年龄的增长而日益增强。所以，他将自己想获得高学历、高职位、出人头地的人生理想，全都倾注到了儿子身上。他无论如何也不能接受儿子将来也成为一个"平庸的人"！

"做个平庸的人很痛苦吗?"教授问道。"那当然，像我这样窝窝囊囊地过一辈子，跟没过一样！"教授没有再说什么，只提出一个要求，让他好好想想，把他认为对自己满意的一些小事写出来，明日带来给他看。电话挂了。第二天晚上，他按约定的时间来了，从上衣口袋里掏出折得整整齐齐的几页纸，递到教授手里，只见上面写道：我庆幸我做过这样的事情：在家里经济最紧张的几年里，我早出晚归、不辞劳苦地工作，将细粮换成粗

粮,省下钱和粮票,帮助父母将两个弟弟和一个妹妹拉扯大,让他们有机会读书,现在他们都有了一个好的归宿。在农村做了两年民办代课教师,直到今天,那些我曾经教过的学生,现在都已经儿女成行了,他们从乡村进城来,碰到我时仍会叫我一声"老师"。有些学生现在过年过节还来看我。娶了一个温柔贤惠的妻子,她跟我同甘共苦将近 20 年,对我的平庸毫无怨言。儿子很懂事,从不向我们要这要那,其实他学习也一直很努力。公司让我保管仓库钥匙,我从来没有出过差错,保管的货物我心中都有一本明账,随要随取,从未让人久等。有几个知心朋友,彼此从不互相瞧不起,他们常来家里坐。父母身体仍然健康,他们一直都很爱我。……

　　所有的内容都是毫无体系可言,可见,他是有所感而写的,都是些琐碎的事。教授问他目前心情是否有些变化,他回答说似乎好一些。写着写着,觉着有些道理了,似乎看到了这些小事的另一面。

　　教授笑着回答说:"答案已经由你自己找到了。"教授告诉他最近有家信息公司做社会调查,发现 85% 的女性已倾向于接受平凡而实在的丈夫,想找个万人迷式的或身怀绝技的丈夫简直寥寥无几。这个调查是由一篇笑话引出来的,因为有不少女性在网上发表文章,认为猪八戒比孙悟空更适合做个老公，这反映了姑娘们眼光的一种变化，一种从绚丽归于平凡的现实需求。现代社会，早过了骑士年代，人们更渴望一种自然人性的回归。像这位自愧平庸的父亲，多年来他忽略的自身价值对许多人来讲，是多么不可或缺的啊！他曾经教书育人，俗话说，"十年树木，百年树人"，他的功劳不可忽视，他的学生感激他；他曾经帮助家庭渡过难关，扶助弟妹成长，他的父母弟妹爱他会比爱一个有钱而没人情味的人多上几百倍；他一直以来忠诚、真挚地对待妻儿，难道这不是他能给予他们最好的礼物吗？

教授劝他将人生价值的目标从高不可攀的尺度上，降到一个更合乎自身实际的位置，尤其是对儿子的期望，不必定得那么高，人世间哪能有不许回落、不许起伏、只能成功不能失败的道理呢？何况考试成绩有太多的主观因素，最好给孩子更多的鼓励，要想让他成为家长希望的人，就照所希望的样子去表扬他，这一点每个人都不应该忘记！希望自己更有钱，渴望得到更高层次人的尊敬，想把生活品质提高到更高一个档次，并没有错。但如果物质上达到小康，精神上健康快乐，即使算不得"成功人士"，当不成"资本家"，就做社会上平凡的一份子，又有什么可以痛苦的呢？他上班恪尽职守，下班后有一个温馨的小家，钱不多而够用，社会知名度为零却有爱自己的亲人和可以谈心的几个好友，也是一种幸福呀！所以，不必为不能送儿子进贵族学校、不能送妻子珍珠翡翠而愧疚，因为生活不仅仅由这些组成。儿子一次优异的成绩、妻子一个舒心的微笑、朋友一次意外的拜访，这些不都是幸福的时刻吗？

很多人不愿承认自身的真正价值，是很多精神和心理问题的潜在原因。一位教育家曾经说过："没有比那些不肯承认自己的人更痛苦的了。"对此，让我们来谈谈所谓平凡的问题。人生是多种多样的，不能只用"伟大"和"平庸"两个词来形容。在专业化日益提倡的今天，人的分工越来越细，人的才能的分化也越来越明显，在某一领域的专家，在许多的领域往往是一窍不通。所以，平凡人士并不是在生活空间的每一部分都显得平淡无华。正因如此，没有发现自己潜能的"平凡人士"只要发现自己"平凡"的潜能就能生活得很快乐，甚至比没有好心态的所谓"成功人士"更快乐。

威廉·詹姆斯说："一般人只发展了10%的潜在能力。跟我们应该做到的相比，等于只醒了一半。对身心两方面的能力，我们也只用了很小的部分。事实上，一个人只等于活在他极有限的空间的一小部分，他具有各式各样的能力，却很少懂得怎么去利用。"

平凡中有快乐，平凡中也充满了希望。

14 心态平和，走好人生路

人的行为常常由心态来决定。好心态决定正确的行为，坏心态决定错误的行为。西方有一个古老的故事——一位住在海滨的哲学家，一天突然产生了这样一个想法，他想横渡大海，去海的对岸看一看。他是一位逻辑学家，经过冷静的思考，他理智地归纳出了这次航海可能遭遇的不同问题，结果他发现他不应当去的理由比应当去的理由更多：他可能会晕船；船很小，风暴也可能危及他的生命；海盗的快艇正在海上等待着捕获商船，如果他的船被他们捉住了，他们就会拿走他的东西，并把他当奴隶卖掉。这些理由和判断表明他不应该作这次旅行。

然而，这位哲学家还是作了这次旅行。为什么呢？因为他的想法已变成了一种心态在左右着他的行为。心态不断地对他的理智说："朋友，这件事在推理上虽有些令人生畏，但情况也许并不像你想象的那样坏。你常常都是一个幸运儿，这次也不例外。"心态的力量牢牢地控制住了这位哲学家，以至于后来，他觉得如果不进行这次航海，他就会坐立不安，甚至可以说，会成为他人生的一大遗憾。于是他扬帆起航了。但结果正如他理智所判断的那样，他成了海盗们的战利品。

断 舍 离

这个悲剧故事生动地说明了一件事：行为跟着心态走！成功需要勇气和信心，它有助于我们去面对所处的困难和挑战，调动起我们的一切能力。然而，当我们对某件事做决定时，心态就一定要平和宁静。此时我们不需要勇气和信心，也不需要所谓的积极心态和消极心态，而只需要把心态调整到一种恰当的状态。这是一种什么状态呢？就是一种心平气和、不急不躁的和谐状态——既不自卑也不自信，既不犹豫也不冒进，既不积极也不消极；只有在这种心态之下，我们才能敏锐地观察出客观问题的特点，才能准确地判断出事情的变化，才能够真正地做出正确的决策。

但是，如果我们的心态调整不到这一状态，我们对外界形势的判断就会受主观心态的影响，就不能够做到客观地判断，结果就会给自己造成极大的损失。

第二次世界大战时期，德国的纳粹分子曾进行了一次触目惊心的心理实验，他们声称将以一种特殊的方式来处死人，这种方式就是抽干人身上的血液。实验那天，他们从集中营挑选来两个人，一个是牧师，另一个是普通工人。纳粹士兵将俩人分别捆绑在床上，用黑布蒙住双眼，然后将针头插进他们的手臂，并不时地告诉他们：现在，你已经被抽了多少升血了，你的血将在多少时间内被抽干！其实，纳粹士兵并没有真的抽他们的血，只是在他们的手臂上插进了一支空针头。结果，工人的面部不断抽搐，脸色变得惨白，渐渐地在惊恐万状中死去。而那位牧师却始终神情安详，死神没有夺取他的生命，他活了下来。

从这个实验中，你也许会对这两个人的不同命运产生疑问。但当人们问起牧师当时的感想时，牧师回答说："我的内心很平静，我不害怕，我问心无愧，即使死了，我的灵魂也会进入天堂"。可见，在实验进行过程中，两个人都面临死亡的现实，不同的是，那个工人极端恐惧的心态让他采取了放弃生命的行为，认为自己一定没有机会生存下去了，而最终心力衰竭地死去。牧师因为拥有平和的心态，正视自己，从容地面对当时的一切，结果反而幸存了下来。

198

俗语说："情人眼里出西施。"为什么会这样呢？因为情人被心态左右了，他的认识水平和判断力完全向心态屈服了。他爱意浓浓，对心爱之人一往情深，此时，他看见的一切都是自己希望看见的。于是，即使对方再丑，在情人的眼里，她也像西施一样美丽动人。

然而，我们决策之时，一定不能够"情人眼里出西施"，一定要调整好自己的心态，做到冷静客观、不急不躁、无爱无恨、无悔无怨。这样，我们才能认清客观形势、分析出情况的变化，从而做出准确的判断。倘若我们的心态调整不好，纵使变化就在眼前，我们也看不清楚。

有一位司机，干活任劳任怨，为人也挺仗义，是一个不错的小伙子，但就是心态不好，太急躁，开起车来左窜右窜，非常快。到公司不久，同事便发现了他的这一特点。对他说："你的心太急，要多注意一点，否则要出事。"果不其然，没过多久，他开车追尾了。刚开始，他怀疑刹车系统有问题。于是，他到修理厂将刹车系统彻底检查了一遍，结果是毫无问题。其实，这并不是车的问题，而是他心态的问题，他急躁的心态影响了他对车速和车距的判断。由于这小伙子除了这一毛病之外，实在不错，领导就把他请到办公室谈了谈心，并告诉他心态影响了他的认识和判断，希望他能调整自己的心态。

然而，这次追尾过去整整一个月后，他又一次追尾了，情况比上一次还要严重。领导无语，他也十分内疚，说他控制不了自己的心态，并主动从公司辞了职。

当我们的人生遇到大的转折之时，我们就更应该控制好自己的心态，否则，就会对客观情况的变化视而不见、听而不闻，就会抓不住问题的症结所在，就会把内心的愿望误认为是客观的现实。如此一来，我们就不能真正地去审时度势，就会对情况做出错误的判断，采取错误的行为，导致我们的人生陷入更大的困境中。